RÉFLEXIONS

SUR LA

MÉTAPHYSIQUE

DU

CALCUL INFINITÉSIMAL.

PARIS. — IMPRIMERIE DE MALLET-BACHELIER,
rue du Jardinet, 12.

RÉFLEXIONS

SUR LA

MÉTAPHYSIQUE

DU

CALCUL INFINITÉSIMAL,

Par CARNOT,

Membre de la Légion d'honneur, de l'Institut de France, des Académies
de Dijon, Munich, Corcyre, etc.

QUATRIÈME ÉDITION.

PARIS,

MALLET-BACHELIER, IMPRIMEUR-LIBRAIRE

DE L'ÉCOLE POLYTECHNIQUE, DU BUREAU DES LONGITUDES,

Quai des Augustins, 55.

1860

RÉFLEXIONS

SUR LA

MÉTAPHYSIQUE

DU

CALCUL INFINITÉSIMAL.

Je cherche à savoir en quoi consiste le véritable esprit du Calcul infinitésimal; les réflexions que je propose à ce sujet sont distribuées en trois chapitres : dans le premier j'expose les principes généraux de l'analyse infinitésimale; dans le second j'examine comment cette analyse a été réduite en algorithme, par l'invention des calculs différentiel et intégral; dans le troisième je compare cette analyse aux autres méthodes qui peuvent la suppléer, telles que la méthode d'exhaustion, celle des indéterminées et indivisibles, celle des indéterminées, etc.

CHAPITRE PREMIER.

PRINCIPES GÉNÉRAUX DE L'ANALYSE INFINITÉSIMALE.

1. Il n'est aucune découverte qui ait produit dans les sciences mathématiques une révolution aussi heureuse et aussi prompte que celle de l'analyse infinitésimale ; aucune n'a fourni des moyens plus simples ni plus efficaces pour pénétrer dans la connaissance des lois de la nature. En décomposant, pour ainsi dire, les corps jusque dans leurs éléments, elle semble en avoir indiqué la structure intérieure et l'organisation ; mais comme tout ce qui est extrême échappe aux sens et à l'imagination, on n'a jamais pu se former qu'une idée imparfaite de ces éléments, espèces d'êtres singuliers, qui tantôt jouent le rôle de véritables quantités, tantôt doivent être traités comme absolument nuls, et semblent, par leurs propriétés équivoques, tenir le milieu entre la grandeur et le zéro, entre l'existence et le néant (1).

_____

(1) Je parle ici conformément aux idées vagues qu'on se fait communément des quantités dites _infinitésimales_, lorsqu'on n'a pas pris la peine d'en examiner la nature ; mais, dans le vrai, rien n'est plus simple que l'exacte notion de ces sortes de quantités. Qu'est-ce, en effet, qu'une quantité dite infiniment petite en mathématiques ? Rien autre chose qu'_une quantité que l'on peut rendre aussi petite qu'on le veut, sans qu'on soit obligé pour cela de faire varier celles dont on cherche la relation._

Quelles sont dans une courbe, par exemple, les quantités dont on veut obtenir la relation ? Ce sont, indépendamment des paramètres, les coordonnés, les normales, sous-tangentes, rayons de courbure, etc. Eh bien, les dx et dy sont des quantités infiniment petites, non parce qu'on les regarde en effet comme très-petites, ce qui est fort indifférent, mais parce qu'on les considère comme pouvant devenir encore plus petites, quelque petites qu'on les ait supposées d'abord, sans qu'on soit obligé de rien changer à la valeur des autres quantités dont nous venons de parler, et qui sont celles dont on cherche la relation.

Or il suit de cette seule définition, que toute quantité infiniment petite peut se négliger dans le cours du calcul, vis-à-vis de ces mêmes quantités dont on

Heureusement cette difficulté n'a pas nui au progrès de la découverte : il est certaines idées primitives qui laissent toujours quelque nuage dans l'esprit, mais dont les premières conséquences, une fois tirées, ouvrent un champ vaste et facile à parcourir. Telle a paru celle de l'infini, et plusieurs géomètres en ont fait le plus heureux usage, qui n'en avaient peut-être point approfondi la notion; cependant les philosophes n'ont pu se contenter d'une idée si vague : ils ont voulu remonter aux principes; mais ils se sont trouvés eux-mêmes divisés dans leurs opinions, ou plutôt dans leur manière d'envisager les objets. Mon but dans cet écrit est de rapprocher ces différents points de vue, d'en montrer les rapports, et d'en proposer de nouveaux.

2. La difficulté qu'on rencontre souvent à exprimer exacte-

---

cherche la relation, sans que le résultat du calcul puisse en aucune manière s'en trouver affecté.

En effet, en négligeant, par exemple, dans le cours du calcul dx ou dy, par comparaison à l'une quelconque des quantités dont on cherche la relation, comme x ou y, l'erreur que l'on commet est aussi petite qu'on le veut, puisqu'on est toujours maître de rendre dx et dy aussi petites qu'on le veut. Donc si le résultat demeurait affecté de cette erreur, on pourrait y atténuer cette même erreur autant qu'on le voudrait, en diminuant de plus en plus les valeurs de dx et dy : donc ce résultat contiendrait nécessairement dx ou dy, ou quelques-unes de leurs fonctions; ce qui n'est pas, comme on le sait, et ce qui ne saurait être, puisque ces quantités ne font point partie de celles dont on veut obtenir la relation : elles n'entrent dans le calcul que comme auxiliaires, et ce calcul n'est regardé comme fini, que du moment où ces auxiliaires en sont toutes éliminées. C'est donc dans cette double propriété, 1º de pouvoir toujours être rendues aussi petites qu'on le veut; 2º de pouvoir l'être sans qu'on soit obligé de changer en même temps la valeur des quantités dont on veut trouver la relation, que consiste le véritable caractère des quantités infiniment petites. C'est faute d'avoir fait attention à la seconde de ces propriétés, qu'on a laissé si longtemps sans réponse directe et satisfaisante, les objections captieuses, qui ont été si souvent renouvelées contre l'exactitude de la méthode leibnitzienne. Car ce n'est pas répondre directement, que de se borner à faire voir dans chaque cas particulier la conformité des résultats de cette méthode avec ceux des autres méthodes rigoureuses, telles que celle d'exhaustion, celle des limites, ou l'algèbre ordinaire : c'est éluder la difficulté, et rejeter, pour ainsi dire, parmi les méthodes secondaires, celle qui doit tenir le premier rang, autant par la rigueur même de sa doctrine, qui sous ce rapport ne le cède à aucune autre, que par la simplicité de sa marche, par où elle l'emporte incontestablement sur tous les autres procédés connus jusqu'à ce jour.

ment par des équations les différentes conditions d'un problème, et à résoudre ces équations, a pu faire naître les premières idées du calcul infinitésimal. Lorsqu'il est trop difficile,
en effet, de trouver la solution exacte d'une question, il est
naturel de chercher au moins à en approcher le plus qu'il est
possible, en négligeant les quantités qui embarrassent les combinaisons, si l'on prévoit que ces quantités négligées ne peuvent, à cause de leur peu de valeur, produire qu'une erreur
légère dans le résultat du calcul. C'est ainsi, par exemple, que
ne pouvant découvrir qu'avec peine les propriétés des courbes,
on aura imaginé de les regarder comme des polygones d'un
grand nombre de côtés. En effet, si l'on conçoit, par exemple,
un polygone régulier inscrit dans un cercle, il est visible que
ces deux figures, quoique toujours différentes et ne pouvant
jamais devenir identiques, se ressemblent cependant de plus
en plus à mesure que le nombre des côtés du polygone augmente, que leurs périmètres, leurs surfaces, les solides formés
par leurs révolutions autour d'un axe donné, les lignes analogues menées au dedans ou au dehors de ces figures, les angles
formés par ces lignes, etc., sont, sinon respectivement égaux,
au moins d'autant plus approchants de l'égalité, que ce nombre
de côtés devient plus grand ; d'où il suit qu'en supposant ce
nombre de côtés très-grand en effet, on pourra sans erreur
sensible attribuer au cercle circonscrit les propriétés qu'on
aura trouvées appartenir au polygone inscrit.

En outre, chacun des côtés de ce polygone diminue évidemment de grandeur, à mesure que le nombre de ces côtés augmente ; et par conséquent, si l'on suppose que le polygone
soit réellement composé d'un très-grand nombre de côtés,
on pourra dire aussi que chacun d'eux est réellement très-
petit.

Cela posé, s'il se trouvait par hasard dans le cours d'un calcul une circonstance particulière, où l'on pût simplifier beaucoup les opérations, en négligeant, par exemple, un de ces
petits côtés par comparaison à une ligne donnée, telle que le
rayon, c'est-à-dire en employant dans le calcul cette ligne
donnée au lieu d'une quantité qui serait égale à la somme faite
de cette ligne et du petit côté en question, il est clair qu'on
pourrait le faire sans inconvénient, car l'erreur qui en résulte-

rait ne pourrait être qu'extrêmement petite, et ne mériterait pas qu'on se mît en peine pour en connaître la valeur.

3. Par exemple, soit proposé de mener une tangente au point donné M de la circonférence MBD (*fig.* 1).

Soient C le centre du cercle, DCB l'axe; supposons l'abscisse DP $= x$, l'ordonnée correspondante MP$= y$, et soit TP la sous-tangente cherchée.

Pour la trouver, considérons le cercle comme un polygone d'un très-grand nombre de côtés; soit MN un de ces côtés, prolongeons-le jusqu'à l'axe : ce sera évidemment la tangente en question, puisque cette ligne ne pénétrera pas dans l'intérieur du polygone; abaissons de plus la perpendiculaire MO sur NQ, parallèle à MP, et nommons a le rayon du cercle : cela posé, nous aurons évidemment

$$\text{MO} : \text{NO} :: \text{TP} : \text{MP}, \quad \text{ou} \quad \frac{\text{MO}}{\text{NO}} = \frac{\text{TP}}{y}.$$

D'une autre part, l'équation de la courbe étant pour le point M, $yy = 2ax - xx$, elle sera pour le point N

$$(y + \text{NO})^2 = 2a(x + \text{MO}) = (x + \text{MO})^2;$$

ôtant de cette équation la première, trouvée pour le point M, et réduisant, on a

$$\frac{\text{MO}}{\text{NO}} = \frac{2y + \text{NO}}{2a - 2x - \text{MO}};$$

égalant donc cette valeur de $\frac{\text{MO}}{\text{NO}}$ à celle qui a été trouvée ci-dessus, et multipliant par y, il vient

$$\text{TP} = \frac{y(2y + \text{NO})}{2a - 2x - \text{MO}}.$$

Si donc MO et NO étaient connues, on aurait la valeur cherchée de TP; or ces quantités MO, NO sont très-petites, puisqu'elles sont moindres chacune que le côté MN, qui, par hypothèse, est lui-même très-petit. Donc (2) on peut négliger sans erreur sensible ces quantités par comparaison aux quantités

$2y$ et $2x-2a$ auxquelles elles sont ajoutées. Donc l'équation se réduit à $TP = \dfrac{y^2}{a-x}$, ce qu'il fallait trouver.

4. Si ce résultat n'est pas absolument exact, il est au moins évident que dans la pratique il peut passer pour tel, puisque les quantités MO, NO sont extrêmement petites; mais quelqu'un qui n'aurait aucune idée de la doctrine des infinis, serait peut-être fort étonné si on lui disait que l'équation $TP = \dfrac{y^2}{a-x}$, non-seulement approche beaucoup du vrai, mais est réellement de la plus parfaite exactitude : c'est cependant une chose dont il est aisé de s'assurer en cherchant TP, d'après ce principe que la tangente est perpendiculaire à l'extrémité du rayon; car il est visible que les triangles semblables CPM, MPT donnent

$CP : MP :: MP : TP$; d'où l'on tire $TP = \dfrac{\overline{MP}^2}{CP} = \dfrac{y^2}{a-x}$ comme ci-dessus.

5. Pour second exemple, supposons qu'il soit question de trouver la surface d'un cercle donné.

Considérons encore cette courbe comme un polygone régulier d'un grand nombre de côtés; l'aire d'un polygone régulier quelconque est égale au produit de son périmètre par la moitié de la perpendiculaire menée du centre sur l'un des côtés; donc le cercle étant considéré comme un polygone d'un grand nombre de côtés, sa surface doit être égale au produit de sa circonférence par la moitié du rayon : proposition qui n'est pas moins exacte que le résultat trouvé ci-dessus.

6. Quelque vagues et peu précises que puissent donc paraître ces deux expressions de *très-grand* et de *très-petit*, ou autres équivalentes, on voit par les deux exemples précédents que ce n'est pas sans utilité qu'on les emploie dans les combinaisons mathématiques, et que leur usage peut être d'un grand secours pour faciliter la solution des diverses questions qui peuvent être proposées; car leur notion une fois admise, toutes les courbes pourront aussi bien que le cercle être considérées comme des polygones d'un grand nombre de côtés, toutes les

surfaces pourront être partagées en une multitude de bandes ou zones, tous les corps en corpuscules; toutes les quantités, en un mot, pourront être décomposées en particules de même espèce qu'elles. De là naissent beaucoup de nouveaux rapports et de nouvelles combinaisons, et l'on peut juger aisément, par les exemples cités plus haut, des ressources que doit fournir au calcul l'introduction de ces quantités élémentaires.

7. Mais l'avantage qu'elles procurent est bien plus considérable encore qu'on n'avait d'abord eu lieu de l'espérer; car il suit des exemples rapportés que ce qui n'avait été regardé en premier lieu que comme une simple méthode d'approximation, conduit au moins, en certains cas, à des résultats parfaitement exacts. Il serait donc intéressant de savoir distinguer ceux où cela arrive, d'y ramener les autres autant qu'il est possible, et de changer ainsi cette méthode d'approximation en un calcul parfaitement exact et rigoureux. Or tel est l'objet de l'analyse infinitésimale.

8. Voyons donc d'abord comment dans l'équation

$$TP = \frac{y(2y + NO)}{2a - 2x - MO}$$

trouvée (3), il a pu se faire qu'en négligeant MO et NO, on n'ait point altéré la justesse du résultat, ou plutôt comment ce résultat est devenu exact par la suppression de ces quantités, et pourquoi il ne l'était pas auparavant.

Or on peut rendre fort simplement raison de ce qui est arrivé dans la solution du problème traité ci-dessus, en remarquant que l'hypothèse d'où l'on est parti étant fausse, puisqu'il est absolument impossible qu'un cercle puisse être jamais considéré comme un vrai polygone, quel que puisse être le nombre de ces côtés, il a dû résulter de cette hypothèse une erreur quelconque dans l'équation

$$TP = \frac{y(2y + NO)}{2a - 2x - MO},$$

et que le résultat $TP = \frac{y^2}{a - x}$ étant néanmoins certainement

exact, comme on le prouve par la comparaison des deux triangles CPM, MPT, on a pu négliger MO et NO dans la première
équation, et même on a dû le faire pour rectifier le calcul, et
détruire l'erreur à laquelle avait donné lieu la fausse hypothèse
d'où l'on était parti. Négliger les quantités de cette nature est
donc non-seulement permis en pareil cas, mais il le faut, et
c'est la seule manière d'exprimer exactement les conditions du
problème.

9. Le résultat exact $TP = \dfrac{y^2}{a - x}$ n'a donc été obtenu que
par une compensation d'erreurs; et cette compensation peut
être rendue plus sensible encore en traitant l'exemple rap-
porté ci-dessus d'une manière un peu différente, c'est-à-dire
en considérant le cercle comme une véritable courbe, et non
pas comme un polygone.

Pour cela, par un point R, pris arbitrairement à une distance
quelconque du point M, soit menée la ligne RS parallèle à MP,
et par les points R et M soit tirée la sécante RT'; nous aurons
évidemment

$$T'P : MP :: MZ : RZ,$$

et partant

$$T'P \quad \text{ou} \quad TP + T'T = MP\, \frac{MZ}{RZ}.$$

Cela posé, si nous imaginons que RS se meuve parallèlement
à elle-même en s'approchant continuellement de MP, il est
visible que le point T' s'approchera en même temps de plus en
plus du point T, et qu'on pourra par conséquent rendre la
ligne T'T aussi petite qu'on voudra, sans que la proportion établie ci-dessus cesse d'avoir lieu. Si donc je néglige cette quantité T'T dans l'équation que je viens de trouver, il en résultera
à la vérité une erreur dans l'équation $TP = MP\, \dfrac{MZ}{RZ}$ à laquelle
la première sera alors réduite, mais cette erreur pourra être
atténuée autant qu'on le voudra, en faisant approcher autant
qu'il sera nécessaire RS de MP, c'est-à-dire que le rapport des
deux membres de cette équation différera aussi peu qu'on voudra du rapport d'égalité.

Pareillement nous avons $\dfrac{MZ}{RZ} = \dfrac{2y + RZ}{2a - 2x - MZ}$, et cette équation est parfaitement exacte, quelle que soit la position du point R, c'est-à-dire quelles que soient les valeurs de MZ et de RZ. Mais plus RS approchera de MP, plus ces lignes MZ et RZ seront petites; et partant, si on les néglige dans le second membre de cette équation, l'erreur qui en résultera dans l'équation $\dfrac{MZ}{RZ} = \dfrac{y}{a - x}$ à laquelle elle sera réduite alors, pourra, comme la première, être rendue aussi petite qu'on le jugera à propos.

Cela étant, sans avoir égard à des erreurs que je serai toujours maître d'atténuer autant que je le voudrai, je traite les deux équations

$$ TP = MP\,\frac{MZ}{RZ} \quad \text{et} \quad \frac{MZ}{RZ} = \frac{y}{a - x} $$

que je viens de trouver comme si elles étaient parfaitement exactes l'une et l'autre; substituant donc dans la dernière la valeur de $\dfrac{MZ}{RZ}$ tirée de l'autre, j'ai pour résultat $TP = \dfrac{y}{a - x}$ comme ci-dessus.

Ce résultat est parfaitement juste, puisqu'il est conforme à celui qu'on a obtenu par la comparaison des triangles CPM, MPT; et cependant les équations $TP = y\,\dfrac{MZ}{RZ}$ et $\dfrac{MZ}{RZ} = \dfrac{y}{a - x}$, d'où il a été tiré, sont certainement fausses toutes deux, puisque la distance de RS à MP n'a point été supposée nulle, ni même très-petite, mais bien égale à une ligne quelconque arbitraire. Il faut par conséquent de toute nécessité que les erreurs se soient compensées mutuellement, par la comparaison des deux équations erronées.

10. Voilà donc le fait des erreurs compensées bien acquis et bien prouvé; il s'agit maintenant de l'expliquer, de rechercher le signe auquel on reconnaît que la compensation a lieu dans les calculs semblables au précédent, et les moyens de la produire dans chaque cas particulier.

Or il suffit pour cela de remarquer que les erreurs commises dans les équations $TP = y \cdot \dfrac{MZ}{RZ}$ et $\dfrac{MZ}{RZ} = \dfrac{y}{a-x}$ pouvant

être rendues aussi petites qu'on le veut, celle qui aurait lieu, s'il

s'en trouvait une dans l'équation résultante $TP = \dfrac{y^2}{a-x}$, pour-

rait également être rendue aussi petite qu'on le voudrait, et qu'elle dépendrait de la distance arbitraire des lignes MP, RS. Or cela n'est pas, puisque le point M par où doit passer la tangente étant donné, il ne se trouve aucune des quantités a, x, y, TP de cette équation qui soit arbitraire ; donc il ne peut y avoir en effet aucune erreur dans cette équation.

Il suit de là que la compensation des erreurs qui se trou-

vaient dans les équations $TP = y \dfrac{MZ}{RZ}$ et $\dfrac{MZ}{RZ} = \dfrac{y}{a-x}$, se mani-

feste dans le résultat, par l'absence des quantités MZ, RZ qui causaient ces erreurs ; et que par conséquent, après avoir introduit ces quantités dans le calcul pour faciliter l'expression des conditions du problème, et les avoir traitées dans les équations qui exprimaient ces conditions, comme nulles par comparaison aux quantités proposées, afin de simplifier ces équations, il n'y a qu'à éliminer ces mêmes quantités des équations où elles peuvent se trouver encore, pour faire disparaître les erreurs qu'elles avaient occasionnées, et obtenir un résultat qui soit parfaitement exact.

11. L'inventeur a donc pu être conduit à sa découverte par un raisonnement bien simple : si à la place d'une quantité proposée, a-t-il pu dire, j'emploie dans le calcul une autre quantité qui ne lui soit point égale, il en résultera une erreur quelconque ; mais si la différence des quantités employées l'une pour l'autre est arbitraire, et que je sois maître de la rendre aussi petite que je voudrai, cette erreur ne sera point dangereuse ; je pourrais même commettre à la fois plusieurs erreurs semblables sans qu'il s'ensuivît aucun inconvénient, puisque je demeurerai toujours maître du degré de précision que je voudrai donner à mes résultats. Il y a plus encore : c'est qu'il pourrait arriver que ces erreurs se compensassent mutuellement, et qu'ainsi mes résultats devinssent parfaitement exacts. Mais comment opérer cette compensation et dans tous les cas ?

C'est ce qu'un peu de réflexion aura pu faire découvrir; en effet, aura pu dire l'inventeur, supposons pour un instant que la compensation désirée ait lieu, et voyons par quel signe elle doit se manifester dans le résultat du calcul. Or ce qui doit naturellement être arrivé, c'est que les quantités qui occasionnaient ces erreurs ayant disparu, les erreurs ont disparu de même; car ces quantités telles que MZ, RZ ayant par hypothèse des valeurs arbitraires, elles ne doivent plus entrer dans ces formules ou résultats qui ne le sont pas, et qui, étant devenus exacts par supposition, dépendent uniquement, non de la volonté du calculateur, mais de la nature des choses dont on s'était proposé de trouver la relation exprimée par ces résultats. Donc le signe qui annonce que la compensation désirée a lieu est l'absence des quantités arbitraires qui produisaient ces erreurs; et partant il ne s'agit, pour opérer cette compensation, que d'éliminer ces quantités arbitraires.

Tâchons maintenant de donner à ces idées le degré de précision qui leur convient.

DÉFINITIONS.

12. Les quantités se distinguent généralement en quantités constantes et en quantités variables.

Les quantités qu'on nomme *constantes* ou *déterminées* sont celles dont les valeurs sont supposées fixes; et celles qu'on nomme *variables* ou *indéterminées* sont celles auxquelles on est maître, au contraire, d'attribuer successivement diverses valeurs.

Mais il faut observer que l'expression de quantités variables ne saurait être prise dans un sens absolu, parce qu'une quantité peut être plus ou moins indéterminée, plus ou moins arbitraire; or c'est précisément sur les divers degrés d'indétermination dont la quantité en général est susceptible, que repose toute l'analyse, et plus particulièrement cette branche qu'on nomme *analyse infinitésimale*.

13. Je divise toutes les quantités admises dans un calcul en trois classes : 1° celles qui se trouvent déterminées et invariables par la nature même de la question ; 2° celles qui, étant d'abord variables, prennent ensuite des valeurs déterminées, par des conventions ou des hypothèses subséquentes ; 3° enfin celles qui doivent rester toujours indéterminées.

De la première de ces trois classes sont ce qu'on nomme les constantes ou données, telles que les paramètres dans les courbes. De la seconde sont les variables ordinaires, telles que les coordonnées des courbes, les sous-tangentes, les normales, etc., auxquelles on attribue telles ou telles valeurs déterminées, lorsqu'on veut en découvrir les propriétés ou relations. De la troisième sont celles qui, étant plus ou moins indépendantes de celles des deux premières classes, demeurent aussi plus ou moins arbitraires, jusqu'à ce que le calcul soit entièrement achevé, et que pour cette raison j'appellerai *quantités toujours variables*.

Mais quoique les quantités de cette troisième classe demeurent toujours variables, elles ne sont pas pour cela entièrement arbitraires, et, de même que les simples variables qui composent la seconde classe sont liées avec les constantes qui composent la première, par des équations ou conditions quelconques, en vertu desquelles elles ne peuvent varier que suivant certaines lois, de même aussi les *quantités toujours variables* sont liées avec les variables ordinaires et les données, tant par les conditions mêmes de la question, que par les hypothèses sur lesquelles le calcul est établi, de sorte qu'elles ne peuvent varier elles-mêmes que suivant certains modes.

14. J'appelle *quantité infiniment petite* toute quantité qui est considérée comme continuellement décroissante, tellement qu'elle puisse être rendue aussi petite qu'on le veut, sans qu'on soit obligé pour cela de faire varier celles dont on cherche la relation.

Lorsqu'on veut trouver la relation de certaines quantités proposées, les unes constantes, les autres variables, on considère le système général comme parvenu à un état déterminé que l'on regarde comme fixe : puis on compare ce système fixe avec d'autres états du même système, lesquels sont considérés comme se rapprochant continuellement du premier, jusqu'à en différer aussi peu qu'on le veut. Ces autres états du système ne sont donc à proprement parler eux-mêmes que des systèmes auxiliaires que l'on fait intervenir pour faciliter la comparaison entre les parties du premier. Les différences des quantités qui se correspondent entre tous ces systèmes peuvent donc être supposées aussi petites qu'on le veut, sans rien changer aux quantités qui composent le premier, et qui sont celles dont on cherche la relation. Ces différences sont donc de la nature des quantités que nous appelons *infiniment petites :* puisqu'elles sont considérées comme continuellement décroissantes, et comme pouvant devenir aussi petites qu'on le veut, sans que pour cela on soit obligé de rien changer à la valeur de celles dont on cherche la relation.

. L'unité divisée par une quantité infiniment petite est ce qu'on nomme *quantité infinie* ou *infiniment grande.*

On comprend sous le nom de *quantités infinitésimales,* les quantités infinies et celles qui sont infiniment petites.

L'*analyse infinitésimale* n'est autre chose que l'art d'employer auxiliairement les quantités infinitésimales, pour découvrir les relations qui existent entre des quantités proposées.

15. On voit d'abord qu'en leur qualité de simples auxiliaires, toutes ces quantités dites infinitésimales et leurs fonctions quelconques doivent nécessairement se trouver exclues des résultats du calcul. Car ces résultats ne devant être que l'expression des relations prescrites par les conditions de la question proposée, ne peuvent contenir que les quantités entre lesquelles existent ces relations. Donc les quantités qui n'ont été employées qu'auxiliairement ne doivent plus s'y rencontrer. On ne les avait fait intervenir au commencement du calcul que pour faciliter l'expression des conditions, mais cet objet une fois rempli, elles ne sauraient demeurer dans les formules, et doivent par conséquent en être nécessairement éliminées. Il est d'ailleurs de leur essence de ne pouvoir être employées qu'auxiliairement, car leur nature étant d'être toujours variables, même lorsqu'on a donné des valeurs déterminées aux quantités dont le résultat du calcul doit exprimer la relation, si elles se trouvaient dans ce résultat, elles le feraient varier lorsqu'il doit rester fixe ; et en effet, les résultats de cette nouvelle analyse ne peuvent être différents de ceux de l'analyse ordinaire : donc, puisque celle-ci n'admet point de quantités

2.

infinitésimales, il faut bien que celles qui peuvent être admises dans l'autre finissent toujours par être éliminées.

16. On voit par ce qui précède que les quantités appelées *infiniment petites* en mathématiques ne sont point des quantités actuellement nulles, ni même des quantités actuellement moindres que telles ou telles grandeurs déterminées, mais seulement des quantités auxquelles les conditions de la question proposée et les hypothèses sur lesquelles le calcul est établi, permettent de demeurer variables, jusqu'à ce que le calcul soit entièrement achevé, en décroissant continuellement, jusqu'à devenir aussi petites qu'on le veut, sans que l'on soit obligé de changer en même temps les valeurs de celles dont on veut obtenir la relation. C'est en cela uniquement que réside le véritable caractère des quantités auxquelles on a donné le nom d'*infiniment petites*, et non dans la ténuité dont leur dénomination semble supposer qu'elles sont effectivement douées, ni dans la nullité absolue qu'on pourrait leur attribuer; et la notion, comme on le voit, en est parfaitement simple et dégagée de toute idée vague ou contentieuse.

17. Pour éviter les circonlocutions, je comprendrai dans la suite sous le nom de *quantités désignées* toutes celles qui composent les deux premières classes dont nous avons parlé (13), c'est-à-dire toutes celles qui font le sujet de l'analyse ordinaire, et dont on veut obtenir la relation, ou qui peuvent entrer dans le résultat du calcul. J'appellerai, au contraire, *quantités non désignées* toutes celles qui composent la troisième classe, c'est-à-dire celles qui demeurent toujours variables, et sont par conséquent plus ou moins indépendantes de celles qui composent les deux premières classes. Ainsi c'est parmi les quantités non désignées que l'on doit compter les quantités infinitésimales; et d'après les définitions données ci-dessus, il est aisé de voir que les quantités infiniment petites ne sont autre chose que des quantités non désignées, qui sont considérées comme décroissant graduellement et simultanément, jusqu'à devenir aussi petites qu'on le veut.

18. Appliquons tout ce qui vient d'être dit, à l'exemple déjà traité.

Le rayon MC étant donné (*fig.* 1), se trouve être une quantité déterminée dès le commencement par la nature même de la question; ainsi elle est *désignée*, et de la première classe de celles dont nous avons parlé (13).

Les lignes DP, MP, TP, MT, sont d'abord variables et ne deviennent déterminées que par l'hypothèse subséquente, que la tangente doit passer par le point M; mais cette supposition une fois faite, toutes ces quantités doivent être considérées comme fixes jusqu'à la fin du calcul : ainsi elles sont aussi des quantités désignées, et de la seconde classe de celles dont nous avons parlé (13); ces mêmes quantités, qui sont les coordonnées, la tangente et la sous-tangente de la courbe au point M, composent donc avec la constante MC et celles qui en sont des fonctions quelconques, le système général des quantités désignées, c'est-à-dire celles dont on cherche la relation et qui peuvent seules entrer dans le résultat du calcul ou faire le sujet de l'algèbre ordinaire.

Au contraire, les lignes DQ, NQ, TQ, T'Q, MZ, RZ, etc., sont celles que nous avons appelées *quantités non désignées*, et qui forment la troisième classe dont nous avons parlé (13), parce qu'elles demeurent toujours variables : car comme nous restons toujours maîtres de faire MZ et RZ aussi petites que nous le voulons, sans changer la valeur des quantités désignées dont nous avons parlé ci-dessus, ces quantités MZ, RZ, sont de celles que nous nommons *infiniment petites*, et les autres DQ, NQ, TQ, T'P, T'Q, qui sont évidemment fonctions de ces quantités infiniment petites, demeurent également toujours variables, et par conséquent sont de celles que nous nommons *quantités non désignées*.

19. Deux quantités quelconques sont dites *infiniment peu différentes* l'une de l'autre, lorsque le quotient de l'une par l'autre ne diffère de l'unité que par une quantité infiniment petite.

On dit qu'une quantité est *infiniment petite relativement* à une autre quantité, lorsque le quotient de la première par la seconde est une quantité infiniment petite : et réciproquement alors la seconde est dite infinie ou infiniment grande relativement à la première.

On voit par là qu'une quantité, même infiniment petite, peut se trouver infiniment grande *relativement* à telle autre quantité; et que réciproquement une quantité, même infiniment grande, peut se trouver infiniment petite *relativement* à telle autre. Car si l'on suppose que x, par exemple, soit une quantité infiniment petite, x^2 sera une quantité infiniment petite relativement à la première, quoique cette première soit infiniment petite elle-même, puisque le rapport de la seconde à la première est x, qui par hypothèse est une quantité infiniment petite.

Pareillement, si X représente une quantité infiniment grande, elle n'en sera pas moins infiniment petite relativement à X^2, puisque le quotient de celle-ci par la première sera X, qui par hypothèse est une quantité infinie.

20. Cette observation donne lieu de distinguer les quantités infinitésimales en différents ordres. Si x, par exemple, est prise pour représenter une quantité infiniment petite du premier ordre, x^2 sera une quantité infiniment petite du second ordre, x^3 une quantité infiniment petite du troisième ordre : ainsi de suite.

Pareillement, si X est prise pour représenter une quantité infiniment grande du premier ordre, X^2 sera une quantité infiniment grande du second ordre, X^3 une quantité infiniment grande du troisième ordre : ainsi de suite.

Deux quantités de quelque ordre qu'elles soient, sont dites du même ordre, lorsque leur rapport est une quantité finie.

Toutes les fois que de deux quantités quelconques ajoutées ensemble, ou soustraites l'une de l'autre, l'une se trouvera infiniment petite relativement à l'autre, celle-ci se nommera *quantité principale*, et l'autre *quantité accessoire*. Ainsi, par exemple, dans la somme $X + x$ des quantités dont on vient de parler, X est la quantité principale et x la quantité accessoire ; et dans la somme $x + x^2$, x est la quantité principale et x^2 est la quantité accessoire.

21. Comme il est important que les diverses notions données ci-dessus deviennent familières, nous entrerons encore dans quelques détails à ce sujet.

L'objet de tout calcul se réduit à trouver les relations qui existent entre certaines quantités proposées; mais la difficulté de trouver immédiatement ces relations oblige souvent de recourir à l'entremise de quelques autres quantités qui ne font point partie du système proposé, mais qui par leur liaison avec les premières peuvent servir comme d'intermédiaires entre elles. On commence donc par exprimer les relations qu'elles ont toutes ensemble; après quoi on élimine du calcul celles qui n'y sont entrées que comme auxiliaires, afin d'obtenir entre les quantités proposées seules les relations immédiates qu'on voulait découvrir.

Lorsque parmi ces quantités auxiliaires, il s'en trouve d'une nature telle, qu'on soit maître de les rendre toutes à la fois aussi petites qu'on le veut, sans faire varier en même temps les quantités proposées, cette circonstance donne lieu à des simplifications accidentelles très-importantes, et ce sont précisément ces simplifications qui ont fait naître cette branche de calcul qu'on nomme *analyse infinitésimale*, laquelle n'est autre chose que l'art de faire choix de semblables auxiliaires, les plus convenables suivant les différents cas, de s'en servir de la manière la plus avantageuse pour exprimer les conditions des diverses questions et pour opérer ensuite l'élimination de ces mêmes quantités, afin qu'il ne reste plus dans les formules que les seules quantités dont on voulait connaître les rapports.

22. Cela posé, concevons un système quelconque de quantités, les unes constantes, les autres variables, et qu'il s'agisse de trouver les rapports ou relations quelconques qui existent entre elles.

Pour établir nos raisonnements, commençons par considérer le système général dans un état quelconque déterminé que nous regarderons comme fixe. Examinons les relations qui existent entre les diverses quantités de ce système fixe; ce sont ces quantités et celles qui en dépendent exclusivement que nous appelons *quantités désignées* (17).

Considérons maintenant le système proposé dans un nouvel état quelconque différent du premier, et puisque chacune des quantités qui le composent n'est qu'une quantité auxiliaire, attendu que ce nouvel état n'est imaginé que pour trouver plus facilement les relations des quantités qui composent le premier, nommons ce nouvel état du système, *système auxiliaire*.

Concevons enfin que ce système-auxiliaire s'approche graduellement du système fixe, de sorte que toutes les quantités auxiliaires qui composent le premier s'approchent simultanément des quantités désignées qui leur correspondent dans le système fixe, tellement qu'on soit maître de supposer leurs différences respectives toutes en même temps aussi petites qu'on le veut ; ces différences respectives seront ce que nous avons appelé *quantités infiniment petites* (14).

Comme les quantités de ce second système sont purement auxiliaires, elles ne peuvent entrer dans le résultat du calcul, puisque ce résultat n'est que l'expression des relations qui existent entre celles qui composent le premier ; d'où il suit que les quantités infiniment petites dont nous venons de parler et toutes leurs fonctions, doivent nécessairement se trouver exclues de ce même résultat.

23. Maintenant je me demande ce qui serait arrivé, si dans le cours du calcul on eût rencontré une quantité constante et une de ces quantités infiniment petites ajoutées ensemble ; et qu'en considérant que cette dernière peut être supposée aussi petite qu'on le veut, tandis que l'autre ne change pas, on l'ait négligée pour simplifier le calcul, comme de nulle importance vis-à-vis de la première.

La conclusion naturelle serait sans doute que l'erreur occasionnée ainsi pourrait toujours être rendue aussi petite qu'on le voudrait, en diminuant de plus en plus la valeur arbitraire de la quantité négligée.

Mais pour cela il faut que cette valeur arbitraire elle-même ou quelques-unes de ses fonctions entrent dans le résultat de ce calcul ; autrement elle n'aurait sur lui aucune influence, et ne pourrait par conséquent servir à le rectifier par sa diminution successive.

Donc, si elle ne s'y rencontre pas, c'est une preuve que l'erreur se sera rectifiée d'elle-même, car d'après la marche du calcul, si elle subsistait encore, elle ne pourrait être qu'infiniment petite : or elle ne peut être telle, puisqu'il n'y a point de quantité infiniment petite dans le résultat; donc l'erreur commise dans le cours du calcul a dû disparaître d'une manière quelconque, et c'est ce que les propositions suivantes démontreront rigoureusement.

PRINCIPE FONDAMENTAL.

24. *Deux quantités non arbitraires ne peuvent différer entre elles que d'une quantité non arbitraire.*

Démonstration. Puisque les deux quantités proposées ne sont point arbitraires, on ne peut rien changer ni à l'une ni à l'autre; donc on ne peut rien changer non plus à leur différence; donc cette différence n'est point arbitraire. *Ce qu'il fallait démontrer.*

COROLLAIRE PREMIER.

25. *Deux quantités non arbitraires sont rigoureusement égales entre elles, du moment que leur différence prétendue peut être supposée aussi petite qu'on le veut.*

En effet, soient P et Q les deux quantités non arbitraires proposées; nous venons de voir que leur différence ne saurait être arbitraire : elle ne peut donc pas être supposée aussi petite qu'on le veut, ce qui est contre l'hypothèse. Donc cette prétendue différence n'existe pas. Donc les deux quantités proposées P, Q, sont rigoureusement égales.

COROLLAIRE II.

26. *Pour être certain que deux quantités désignées sont rigoureusement égales, il suffit de prouver que leur différence, s'il y en avait une, ne saurait être une quantité désignée.*

En effet, des quantités désignées sont des quantités non arbitraires; donc leur différence ne saurait être arbitraire : donc cette différence est nécessairement une quantité désignée; donc pour prouver que cette différence n'existe pas, et que par conséquent les quantités sont égales, il suffit de prouver que, si elle existait, elle ne saurait être une quantité désignée.

27. *Toute valeur qu'on peut rendre aussi approximative, qu'on le veut de la véritable quantité qu'elle représente, sans qu'il soit besoin pour cela de rien changer ni à l'une ni à l'autre, est nécessairement et rigoureusement exacte.*

En effet, dès qu'il n'est besoin de rien changer ni à la quantité proposée ni à sa valeur, pour rendre celle-ci aussi approximative qu'on veut de la première, c'est-à-dire pour qu'elles diffèrent l'une de l'autre aussi peu qu'on veut, on peut les regarder l'une et l'autre comme fixes, et par conséquent comme non arbitraires. Donc elles se trouvent dans le cas du corollaire II. Donc elles sont nécessairement et rigoureusement égales.

28. *Toute quantité qu'on est maître de supposer aussi petite qu'on le veut, peut être négligée comme absolument nulle, en comparaison de toute autre quantité qui ne peut être comme la première, supposée aussi petite qu'on le veut, sans que les erreurs qui peuvent naître ainsi dans le cours du calcul puissent en affecter le résultat, du moment que toutes les quantités arbitraires en seront éliminées.*

En effet, en négligeant, comme absolument nulles, les quantités qui peuvent être supposées aussi petites qu'on veut, lorsqu'elles se trouvent ajoutées à d'autres qui ne peuvent de même être supposées aussi petites qu'on veut, ou qu'elles s'en trouvent retranchées, il est évident que les erreurs qui pourront en naître dans le cours du calcul ou en affecter le résultat, pourront être pareillement supposées aussi petites qu'on le voudra; donc il restera dans ce résultat quelque chose d'arbitraire, ce qui est contre l'hypothèse, puisque toutes les quantités arbitraires sont supposées entièrement éliminées.

29. *Toute quantité dont le rapport avec une autre quantité peut être supposé aussi petit que l'on veut, peut être négligée comme absolument nulle en comparaison de cette dernière,*

sans que les erreurs auxquelles cela peut donner lieu dans le
cours du calcul puissent en affecter les résultats, du moment
que toutes les quantités arbitraires en sont éliminées.

Ce corollaire n'est qu'une extension du précédent. Dans le
corollaire ıv, il était supposé que les quantités en comparaison desquelles on peut négliger les autres, ne peuvent elles-
mêmes être supposées aussi petites qu'on le veut ; mais dans
le corollaire v, on suppose que les unes aussi bien que les
autres puissent être rendues aussi petites qu'on le veut, mais
que le rapport des unes aux autres est susceptible aussi d'être
supposé aussi petit qu'on veut ; dès lors, de quelque nature
que soient les unes et les autres de ces quantités, je dis qu'on
peut négliger vis-à-vis des autres celles dont le rapport à ces
dernières peut être supposé aussi petit qu'on le veut : et la
démonstration est la même que pour le corollaire ıv ; car il est
évident que s'il naissait quelques erreurs de ces suppressions,
on serait toujours maître de les atténuer autant qu'on le voudrait, soit dans le cours du calcul, soit dans son résultat ; mais
cela ne peut avoir lieu quant à celui-ci, puisque alors il faudrait qu'il y entrât quelque chose d'arbitraire, ce qui est contre
l'hypothèse, attendu que toutes les quantités arbitraires sont
supposées être éliminées.

30. Les propositions précédentes renferment toute la théorie de l'analyse infinitésimale ; car ce sont précisément ces
quantités qui, d'après les hypothèses sur lesquelles le calcul
est établi, peuvent être rendues aussi petites qu'on le veut,
tandis que les autres quantités du système général ne le peuvent pas, que nous avons nommées *infiniment petites*, et qui
peuvent par conséquent être négligées dans le cours du calcul,
comme on l'a vu ci-dessus, sans que le résultat puisse en être
affecté.

Leibnitz, qui le premier donna les règles du calcul infinitésimal, l'établit sur ce principe : qu'on peut prendre à volonté
l'une pour l'autre deux grandeurs finies qui ne diffèrent entre
elles que d'une quantité infiniment petite. Ce principe avait
l'avantage d'une extrême simplicité et d'une application très-
facile. Il fut adopté comme une espèce d'axiome, et l'on se
contenta de regarder ces quantités infiniment petites comme

des quantités moindres que toutes celles qui peuvent être appréciées ou saisies par l'imagination. Bientôt ce principe opéra des prodiges entre les mains de Leibnitz lui-même, des frères Bernoulli, de l'Hôpital, etc. Cependant il ne fut point à l'abri des objections; on reprocha à Leibnitz : 1º d'employer l'expression de quantités infiniment petites sans l'avoir préalablement définie; 2º de laisser douter, en quelque sorte, s'il regardait son calcul comme absolument rigoureux, ou comme une simple méthode d'approximation.

L'illustre auteur et les hommes célèbres qui avaient adopté son idée, se contentèrent de faire voir, par la solution des problèmes les plus difficiles, la fécondité du principe, l'accord constant de son résultat avec ceux de l'analyse ordinaire, et l'ascendant qu'il donnait aux nouveaux calculs. Ces succès multipliés prouvaient victorieusement que toutes objections n'étaient que spécieuses; mais ces savants n'y répondirent point d'une manière directe, et le nœud de la difficulté resta. Il est des vérités dont tous les esprits justes sont frappés d'abord, et dont cependant la démonstration rigoureuse échappe longtemps aux plus habiles.

« M. Leibnitz, dit d'Alembert, embarrassé des objections
» qu'il sentait que l'on pouvait faire sur les quantités infini-
» ment petites, telles que les considère le calcul différentiel,
» a mieux aimé réduire ses infiniment petits à n'être que des
» incomparables; ce qui ruinerait l'exactitude géométrique
» des calculs. »

Mais si Leibnitz s'est trompé, ce serait uniquement en formant des doutes sur l'exactitude de sa propre analyse, si tant est qu'il eût réellement ces doutes, ce qui ne paraît nullement probable; et il pouvait répondre :

1º. Vous me demandez ce que signifie l'expression de quantités infinitésimales : je vous déclare que je n'entends point par là des êtres métaphysiques et abstraits, comme cette expression abrégée semble l'indiquer, mais des quantités réelles, arbitraires, susceptibles de devenir aussi petites que je veux, sans que je sois obligé pour cela de faire varier en même temps les quantités dont je m'étais proposé de trouver la relation.

2º. Vous me demandez si mon calcul est parfaitement exact et rigoureux; j'affirme que oui, du moment que je suis parvenu à en éliminer les quantités infinitésimales dont je viens de parler, et que je l'ai ramené à ne plus renfermer que des quantités algébriques ordinaires. Jusque-là je ne regarde mon calcul que comme une simple méthode d'approximation. Ceux qui pour concilier la rigueur du calcul, dans tout le cours des opérations, avec la simplicité de mon algorithme, ont imaginé de considérer les quantités infiniment petites comme absolument nulles, ne se dispensent point de l'élimination dont je viens de parler; et sans contester la justesse de leur métaphysique, j'observe qu'ils ne gagnent rien sur moi relativement à la simplicité des procédés, qui sont toujours les mêmes, et qu'ils rencontrent une autre difficulté : c'est que tous les termes de leurs équations s'évanouissent en même temps; de sorte qu'ils n'ont plus que des zéros à calculer, et les rapports indéterminés de o à o à combiner. Ne vaudrait-il pas autant mes quantités infinitésimales telles que je les avais d'abord proposées, c'est-à-dire considérées comme moindres que toute grandeur imaginable? De purs zéros sont-ils plus faciles à concevoir? En regardant mes quantités inappréciables comme chimériques, ne pourraient-elles pas aussi bien que ces zéros purs être comparées l'une à l'autre? Concevez-vous mieux ce qu'est une quantité imaginaire, telle $a\sqrt{-1}$, qu'une quantité inappréciable? Et cependant hésitez-vous à dire que le rapport de $a\sqrt{-1}$ à $b\sqrt{-1}$ est $\frac{a}{b}$? Les mathématiques ne sont-elles pas remplies de pareilles énigmes? et ces énigmes ne sont-elles pas ce qui distingue essentiellement l'analyse de la synthèse, et même ce qui fournit à la première ces ressources précieuses dont manque la seconde? Si je vous demande ce que signifie une équation dans laquelle il entre des expressions imaginaires, comme dans le cas irréductible du troisième degré, vous me répondez que cette équation ne peut servir à connaître les véritables valeurs de l'inconnue, que quand, par des transformations quelconques, on est parvenu à en éliminer les quantités imaginaires : je vous réponds la même chose pour mes quantités inappréciables; je ne les emploie que comme auxiliaires; je conviens que mon calcul n'est rigoureusement exact que lorsque je suis parvenu à les éliminer toutes : jusqu'alors il n'est point achevé, et il n'est pas susceptible d'application. Le vôtre l'est-il davantage avant que vous l'ayez purgé de tous vos zéros? Au surplus, dans ma nouvelle manière d'envisager la question, c'est-à-dire en considérant mes quantités auxiliaires, non comme infiniment petites absolues, mais seulement comme indéfiniment petites, je mets mon analyse à l'abri de toute chicane, j'en fais une méthode, non d'approximation, mais de compensation, c'est-à-dire une méthode qui réunit la facilité d'un simple calcul d'approximation à l'exactitude des méthodes les plus rigoureuses, et je démontre qu'elle n'est autre chose que la méthode même d'exhaustion réduite en algorithme. Je sais qu'on peut y suppléer par la méthode d'exhaustion elle-même, par celle des limites, ou même par la seule algèbre ordinaire; mais il faut savoir si ces autres méthodes réunissent au même degré que la mienne la simplicité à la fécondité. Je m'en rapporte sur cela aux illustres géomètres qui proposent bien d'autres méthodes en théorie, mais qui dans la pratique se servent de la mienne.

31. Mais s'il est bon d'écarter les vaines subtilités qui seraient plus propres à entraver la marche des sciences qu'à leur donner une meilleure base, il n'en faut pas moins établir solidement et directement les principes sur lesquels on s'appuie, et les procédés que l'on emploie : car la première condition à remplir en mathématiques est d'être exact ; la seconde est d'être clair et simple autant que possible.

Il y a des personnes, par exemple, qui croient avoir suffisamment établi le principe de l'analyse infinitésimale, lorsqu'elles ont fait ce raisonnement : il est évident, disent-elles, et avoué de tout le monde, que les erreurs auxquelles les procédés de l'analyse infinitésimale donneraient lieu, s'il y en avait, pourraient toujours être supposées aussi petites qu'on le voudrait. Il est évident encore que toute erreur qu'on est maître de supposer aussi petite qu'on le veut est nulle : car, puisqu'on peut la supposer aussi petite qu'on le veut, on peut la supposer o ; donc les résultats de l'analyse infinitésimale sont rigoureusement exacts.

Ce raisonnement, plausible au premier aspect, n'est cependant rien moins que juste ; car il est faux de dire que, parce qu'on est maître de rendre une erreur aussi petite qu'on le veut, on puisse pour cela la rendre absolument nulle. Par exemple (*fig.* 1), l'équation $\dfrac{MZ}{RZ} = \dfrac{y}{a - x}$ trouvée (9) est une équation toujours fausse, quoiqu'on puisse en rendre l'erreur aussi petite qu'on le veut, en diminuant de plus en plus les quantités MZ, RZ ; car pour que cette erreur disparût entièrement, il faudrait réduire ces quantités MZ, RZ au o absolu ; mais alors l'équation se réduirait à $\dfrac{o}{o} = \dfrac{y}{a - x}$, équation qu'on ne peut pas dire précisément fausse, mais qui est insignifiante, puisque $\dfrac{o}{o}$ est une quantité indéterminée. On se trouve donc dans l'alternative nécessaire, ou de commettre une erreur, quelque petite qu'on veuille la supposer, ou de tomber sur une formule qui n'apprend rien ; et tel est précisément le nœud de la difficulté, dans l'analyse infinitésimale.

32. D'autres personnes se bornent à regarder les quantités appelées *infiniment petites* comme des *incomparables*, dans le sens qu'un grain de sable, par exemple, est incomparable par sa petitesse avec le globe entier de la terre ; car alors, disent-elles, les erreurs commises sont inappréciables et doivent conséquemment être entièrement négligées dans le résultat du calcul.

Mais l'analyse infinitésimale envisagée de cette manière ne serait plus qu'une méthode d'approximation ; tandis qu'on sait parfaitement qu'elle est absolument rigoureuse.

Cette comparaison du grain de sable au globe de la terre peut être utile cependant pour faciliter l'expression des conditions du problème, en indiquant ce qui peut être négligé. Mais dans les équations finales l'erreur même du grain de sable ne doit plus subsister. Elle a dû disparaître, par cela même qu'elle a été commise, non pas une fois seulement dans le cours du calcul, mais plusieurs fois, dans des sens opposés, de sorte qu'il s'est opéré une compensation nécessaire, qui se trouve indiquée d'une manière certaine, dans ces équations finales, par l'élimination de toutes les quantités arbitraires.

33. Je crois avoir suffisamment démontré l'exactitude des

principes de l'analyse infinitésimale leibnitzienne; mais pour en rendre l'application plus facile, je crois devoir les présenter encore sous un jour un peu différent.

J'appelle *équation imparfaite*, toute équation dont l'exactitude rigoureuse n'est pas démontrée, mais dont on sait cependant que l'erreur, s'il en existe une, peut être supposée aussi petite qu'on le veut; c'est-à-dire telle, que pour rendre cette équation parfaitement exacte, il suffit de substituer aux quantités qui y entrent, ou seulement à quelques-unes d'entre elles, d'autres quantités qui en diffèrent infiniment peu.

D'après cette définition, il est clair qu'on peut faire subir aux équations imparfaites diverses transformations, sans leur ôter le caractère d'équations imparfaites : comme, par exemple, de transposer les termes d'un membre dans l'autre; de multiplier ou diviser ces deux membres par des quantités égales, de les élever aux mêmes puissances, ou d'en tirer les mêmes racines.

Bien plus, on peut, au lieu des quantités quelconques qui y entrent, en substituer d'autres qui en diffèrent infiniment peu, négliger les quantités infiniment petites relativement aux quantités finies, et plus généralement les quantités accessoires vis-à-vis des quantités principales; sans que ces équations perdent jamais pour cela leur caractère primitif d'équations au moins imparfaites, et qui peuvent enfin se trouver exactes par compensation d'erreurs.

Mais ce qu'il est important de remarquer, c'est que ces erreurs accumulées, au lieu d'éloigner de plus en plus du but, qui est de ramener ces équations imparfaites à l'exactitude absolue, comme il semble d'abord que cela doit arriver, servent au contraire à y conduire par le chemin le plus court, et le plus simple, parce qu'en écartant ainsi successivement ces accessoires incommodes, avec la seule attention de ne jamais dépouiller les équations dont il s'agit de leur caractère principal, on parvient enfin à les dégager absolument de toute considération de l'infini, par l'élimination complète de tout ce qui s'y trouvait d'arbitraire; et qu'il n'y reste plus que les quantités dont on voulait obtenir la relation. Cela posé, toute la théorie de l'infini peut être regardée comme renfermée dans le théorème suivant.

THÉORÈME.

34. *Pour être certain qu'une équation est nécessairement et rigoureusement exacte, il suffit de s'assurer :*

1°. *Qu'elle a été déduite d'équations vraies ou du moins imparfaites, par des transformations qui ne leur ont point ôté le caractère d'équations au moins imparfaites;*

2°. *Qu'elle ne renferme plus aucune quantité infinitésimale, c'est-à-dire aucune quantité autre que celles dont on s'est proposé de trouver la relation.*

Démonstration. Puisque, par hypothèse, les transformations qu'on a pu faire subir aux équations d'où l'on est parti ne leur ont point ôté le caractère d'équations au moins imparfaites, ces équations ne peuvent se trouver affectées que d'erreurs susceptibles d'être rendues aussi petites qu'on le veut.

Mais, d'un autre côté, ces équations ne peuvent plus être de celles que j'ai nommées *imparfaites;* car celles-ci ne peuvent exister qu'entre quantités qui contiennent quelque chose d'arbitraire, puisque par leur définition même l'erreur peut en être supposée aussi petite qu'on le veut. Or, par hypothèse, toutes les quantités arbitraires sont éliminées, puisqu'il ne reste plus que celles dont on s'est proposé de trouver la relation.

Donc les nouvelles équations ne peuvent être absolument fausses, c'est-à-dire affectées d'erreurs qui ne puissent être rendues aussi petites qu'on le veut, ni de celles que j'ai nommées *imparfaites.* Donc elles sont nécessairement et rigoureusement exactes. *Ce qu'il fallait démontrer.*

COROLLAIRE PREMIER.

35. Que les équations dont il s'agit soient exprimées par des symboles algébriques, ou qu'elles soient suppléées par des propositions exprimées en langage ordinaire, la démonstration précédente a toujours lieu. Donc si, pour arriver à la solution d'une question quelconque, on établit ses raisonnements sur des propositions telles, que les erreurs qui pourraient en résulter soient aussi petites qu'on le veut, et qu'enfin, de conséquences en conséquences semblables, on parvienne à des pro-

positions qui soient dégagées de toute considération de l'infini, et par conséquent de toute quantité arbitraire, ces dernières propositions seront nécessairement et rigoureusement exactes.

36. Il suit du théorème et du corollaire précédents, que l'analyse infinitésimale se réduit à trois points qui, strictement observés, ne peuvent jamais conduire qu'à des résultats parfaitement exacts, et par les moyens les plus simples que l'on connaisse, savoir :

1°. Exprimer les conditions de la question proposée, soit par des équations exactes, soit au moins par des équations imparfaites, ou par des propositions équivalentes.

2°. Transformer ces équations ou propositions de diverses manières, sans jamais leur faire perdre leur caractère primitif d'équations au moins imparfaites.

3°. Diriger ces transformations, pour l'élimination complète des quantités infinitésimales et des fonctions quelconques de ces mêmes quantités, de manière à en dégager entièrement les résultats du calcul.

37. En terminant cet exposé de la doctrine des compensations, je crois pouvoir m'honorer de l'opinion qu'en avait prise le grand homme dont le monde savant déplore la perte récente, *Lagrange!* Voici comment il s'exprime à ce sujet dans la dernière édition de sa Théorie des Fonctions analytiques :

« Il me semble que, comme dans le calcul différentiel tel
» qu'on l'emploie, on considère et on calcule en effet les
» quantités infiniment petites ou supposées infiniment petites
» elles-mêmes, la véritable métaphysique de ce calcul consiste
» en ce que l'erreur résultant de cette fausse supposition est
» redressée ou compensée par celle qui naît des procédés
» mêmes du calcul, suivant lesquels on ne retient dans la dif-
» férentiation que les quantités infiniment petites du même
» ordre. Par exemple, en regardant une courbe comme un po-
» lygone d'un nombre infini de côtés, chacun infiniment petit,
» et dont le prolongement est la tangente de la courbe, il est
» clair qu'on fait une supposition erronée; mais l'erreur se

» trouve corrigée dans le calcul par l'omission qu'on y fait
» des quantités infiniment petites. C'est ce qu'on peut faire
» voir aisément dans des exemples, mais ce dont il serait peut-
» être difficile de donner une démonstration générale. »

Voilà toute ma théorie résumée avec plus de clarté et de
précision que je ne pourrais en mettre moi-même. Qu'il soit
difficile ou non d'en donner une démonstration générale, la
vraie métaphysique de l'analyse infinitésimale, telle qu'on l'emploie, et telle que tous les géomètres conviennent qu'il faut
l'employer pour la facilité des calculs, n'en est pas moins, suivant l'illustre auteur même que je viens de citer, le principe
des compensations d'erreurs; et je crois au surplus qu'il ne
manque rien ni à l'exactitude, ni à la généralité de la démonstration que j'ai donnée.

38. Ce qui précède ne renferme encore que les principes
généraux de l'analyse infinitésimale, et nous allons les appliquer à quelques exemples particuliers, avant de faire voir comment ces principes généraux ont été réduits en algorithme par
Leibnitz, ce qui leur a imprimé le caractère d'un calcul régulier. Ainsi ce que nous avons dit n'appartient encore qu'à la
synthèse et à l'analyse ordinaire, mais cette nouvelle synthèse
est déjà par elle-même très-importante et très-lumineuse; et
si les anciens l'eussent possédée, au lieu de la méthode d'exhaustion qu'elle supplée, ils eussent grandement simplifié
leurs travaux, et ils eussent probablement poussé leurs découvertes beaucoup plus loin qu'ils ne l'ont fait : car ils em-
ployaient leurs forces à vaincre les difficultés, qui se trouvent
surmontées tout de suite par la seule notion de l'infini.

Quant à l'usage que l'analyse algébrique ordinaire peut faire
de la même notion, abstraction faite de l'algorithme qui lui est
propre, si l'on veut savoir le parti qu'il est possible d'en tirer,
il n'y a qu'à lire l'*Introduction à l'Analyse des Infinis* d'Euler,
et l'on sera étonné de la puissance d'un pareil instrument dans
une main habile.

PROBLÈME PREMIER.

39. *Mener une tangente à la cycloïde ordinaire.*
Soit (*fig. 2*) AEB une cycloïde ordinaire, dont le cercle gé-

nérateur soit EpqF. La propriété principale de cette cycloïde est que pour un point quelconque m, la portion mp de l'ordonnée, comprise entre la courbe et la circonférence génératrice, est égale à l'arc Ep de cette circonférence.

Cela posé, menons au point p de cette même circonférence une tangente pT, et proposons-nous de trouver le point T où cette tangente sera rencontrée par celle mT de la cycloïde.

Pour cela, je mène une nouvelle ordonnée nq infiniment proche de la première mp, et par le point m je mène mr parallèle au petit arc pq, que je considère, ainsi que mn, comme une ligne droite.

Il est clair alors que les deux triangles mnr, Tmp seront semblables, et que par conséquent nous aurons $\dot{m}r : nr :: \mathrm{T}p : mp$. Mais puisque par la propriété de la cycloïde on a E$q = nq$ et E$p = mp$, on aura, en retranchant la seconde de ces équations de la première, E$q-$E$p = nq - mp$, ou $pq = nr$, ou $mr = nr$. Donc, à cause de la proportion trouvée ci-dessus, on aura T$p = mp$, ou T$p = Ep$, c'est-à-dire que la sous-tangente Tp est toujours égale à l'arc correspondant Ep. Or, comme cette proposition est dégagée de toute considération de l'infini, elle est nécessairement et rigoureusement exacte.

PROBLÈME II.

40. *Prouver que deux pyramides de mêmes bases et de même hauteur sont égales en volume.*

Concevons les deux pyramides proposées partagées en un même nombre de tranches infiniment minces parallèlement à leurs bases, et d'épaisseurs respectivement égales. Comparons deux des tranches correspondantes, prises l'une dans la première et l'autre dans la seconde de ces pyramides. Or je dis d'abord que ces deux tranches ne peuvent différer qu'infiniment peu l'une de l'autre.

En effet, chacune de ces tranches est elle-même une pyramide tronquée, et si de tous les angles de la plus petite de ces deux bases on conçoit des parallèles qui aillent rencontrer la plus grande, il est clair que le tronc de pyramide se trouvera décomposé en deux parties, l'une prismatique, comprise entre ces parallèles, ayant pour épaisseur la distance des deux bases du tronc, et pour base la plus petite des deux de ce même tronc; l'autre en forme d'onglet, ayant aussi pour épaisseur la distance des deux bases du tronc, et pour base la différence entre la plus grande et la plus petite de ce même tronc. Mais ces deux dernières bases pouvant se rapprocher l'une de l'autre autant qu'on le veut, leur différence peut évidemment être rendue aussi petite qu'on le veut relativement à chacune d'elles. Donc l'onglet est lui-même infiniment petit relativement à la tranche à laquelle il appartient.

Cela posé, nommons T et T′ les volumes des deux tranches correspondantes dans les deux pyramides, p et p' les portions prismatiques, q et q' les onglets, nous aurons les deux équations exactes

$$T = p + q, \quad T' = p' + q', \quad \text{ou} \quad p = T - q, \quad p' = T' - q':$$

mais p et p' sont des prismes de mêmes bases et de même hauteur; donc on a $p = p'$; égalant donc leurs valeurs, on aura $T + q = T' + q'$; négligeant q et q', que nous venons de voir être infiniment petites relativement à T et T′, on aura $T = T'$.

Comme cette équation n'est pas dégagée de l'infini, nous ne pouvons encore savoir si elle est exacte ou seulement imparfaite; mais, comme on peut appliquer à toutes les tranches qui composent les pyramides entières ce que nous venons de dire de deux d'entre elles, il suit qu'en nommant P et P′ les volumes entiers des deux pyramides, on aura $P = P'$. Or ces deux volumes des pyramides entières sont des quantités fixes. Donc l'équation $P = P'$ est entièrement dégagée de toute considération de l'infini. Donc elle est nécessairement et rigoureusement exacte.

AUTRE DÉMONSTRATION.

41. Il est évident que chacune des tranches dont nous avons parlé peut être imaginée comprise entre deux prismes de même hauteur qu'elle, dont l'un aurait pour base la plus grande des deux bases de la tranche, et l'autre la plus petite. La tranche est donc moindre que le plus grand de ces deux prismes, et plus grande que l'autre. Donc la somme des tranches qui composent chaque pyramide entière est moindre que la somme des prismes circonscrits aux tranches, et plus grande que la somme

3.

des prismes inscrits. Mais il est clair que la différence de chaque prisme circonscrit au prisme inscrit de la même tranche est le produit de la différence des deux bases par la hauteur de la tranche. Donc la somme des prismes circonscrits aux tranches de l'une des pyramides, moins la somme des prismes inscrits aux mêmes tranches, est le produit de la hauteur de l'une quelconque des tranches par la somme des différences entre les grandes et les petites bases. Or, si l'on fait la projection de toutes ces differences sur la base même de la pyramide, on verra facilement que ces projections couvrent exactement cette base. Donc la somme des prismes circonscrits, moins la somme des prismes inscrits, équivaut à la base même de la pyramide, multipliée par la hauteur de l'une quelconque des tranches. Or cette hauteur est aussi petite qu'on le veut; donc la somme des prismes circonscrits ne diffère qu'infiniment peu de la somme des prismes inscrits dans la même pyramide.

Maintenant si l'on compare les prismes inscrits et circonscrits dans chaque pyramide aux prismes correspondants de l'autre, on trouvera qu'ils ont tous respectivement mêmes bases et même hauteur. Donc ils sont respectivement égaux. Donc la somme de ceux d'une des pyramides est égale à la somme·de ceux de l'autre.

Mais chaque pyramide elle-même est moindre que la somme des prismes circonscrits et plus grande que la somme des prismes inscrits. Donc, puisque ces sommes sont toutes ou égales ou infiniment peu différentes les unes des autres, les pyramides elles-mêmes sont infiniment peu différentes l'une de l'autre. Donc, en faisant abstraction des quantités infiniment petites à l'égard des pyramides entières, on peut dire que ces pyramides sont égales. Et, comme cette dernière proposition est entièrement dégagée de toute considération de l'infini, elle est nécessairement et rigoureusement exacte. Donc deux pyramides de mêmes bases et de même hauteur sont égales entre elles.

PROBLÈME III.

42. *Prouver que l'aire d'une zone sphérique est égale à l'aire de la portion correspondante du cylindre qui lui est circonscrit.*

Soient AGB (*fig.* 3) la demi-circonférence génératrice de la surface sphérique proposée, C le centre, AB le diamètre, ADEB le quadrilatère générateur du cylindre circonscrit, *mr* une portion infiniment petite de la demi-circonférence génératrice, *smp, trq* des perpendiculaires sur le diamètre AB, prolongées jusqu'à sa parallèle DE, *mn* une perpendiculaire menée du point *m* sur *trq*, C*m* le rayon mené au point *m*. Je vais d'abord prouver que la zone engendrée par le petit arc *mr* est égale à l'aire de l'anneau cylindrique engendré par *pq*.

Pour cela je considère le cercle comme un polygone d'une infinité de côtés, et l'arc *mr* comme l'un de ces côtés. Cela posé, les triangles semblables *mnr, msc*, donnent $mn : mr :: ms : mc$; ou parce que l'on a $mn = pq$, et que les circonférences qui ont pour rayons *ms*, *m*C sont entre elles comme ces rayons, $pq : mr ::$ cir. $ms :$ cir. mC, ou cir. $ms \times mr =$ cir. mC.pq.

Mais il est évident que le premier membre de cette équation diffère infiniment peu de l'aire convexe du petit cône tronqué engendré par le trapèze *mstr*, ou de la petite zone engendrée par l'arc *mr* considéré comme ligne droite; et que le second membre est l'aire de l'anneau cylindrique qui lui correspond. Donc l'aire de la petite zone est égale à celle du petit anneau.

Cette égalité n'étant point dégagée de l'infini, nous ne pouvons encore savoir si elle est exacte ou seulement imparfaite; mais comme nous pouvons appliquer à toutes les zones infiniment petites ce que nous avons dit de la première, nous en conclurons que généralement une zone quelconque de grandeur déterminée est égale à la portion de surface cylindrique qui lui correspond, proposition qui, étant entièrement dégagée de l'infini, est nécessairement et rigoureusement exacte.

43. *Prouver que le volume du paraboloïde est la moitié du cylindre de même base et de même hauteur.*

Soient (*fig.* 4) A*mn*C la parabole génératrice, TA*p*D son axe, A*p* l'abscisse répondant au point *m*, *pm* l'ordonnée, T*p* la soustangente, *qn* une seconde ordonnée infiniment proche de la première, A*rs* la tangente au sommet, *mr, ns* deux perpendi-

culaires menées des points *m*, *n* sur cette tangente, *mt* le prolongement de *mr* jusqu'à la rencontre de *qn*.

Je considère la courbe comme un polygone d'une infinité de
côtés, et *mn* comme l'un de ces côtés. En imaginant la figure
tourner autour de l'axe TA*p*, le petit trapèze *pmnq* engendrera
un des éléments du paraboloïde, et le petit trapèze *rsmn*, l'élément correspondant du volume qui fait le complément de ce
paraboloïde, relativement au cylindre engendré par le quadrilatère A*snq*. Or je dis que ces deux éléments sont égaux entre
eux.

En effet, il est clair que le premier, c'est-à-dire celui du
paraboloïde, est, en négligeant les quantités qui sont infini-
ment petites relativement à celles qui restent, $qp \cdot pm \frac{1}{2}$ cir. pm,
et que l'autre élément sera $rs \cdot mr$. cir. Ar.

Mais on a $rs = tn$, A$r = pm$, et comme dans la parabole la
sous-tangente est double de l'abscisse, on a aussi $mr = \frac{1}{2} p$ T.
Donc le second élément indiqué ci-dessus devient $nt \frac{1}{2} p$ T cir.
pm. Or les triangles semblables *mnt*, T*mp* donnent, $tn : mt ::$
$pm : Tp$; donc Tn. T$p = mt$. pm. Substituant donc cette valeur
de tn. Tp dans l'expression précédente, elle deviendra $mt.pm$
$\frac{1}{2}$ cir. pm qui est la même que celle qui a été trouvée ci-dessus
pour le premier élément. Donc les deux éléments sont égaux
ou diffèrent infiniment peu.

Mais comme cette égalité reste encore affectée de l'infini,
j'imagine tout le paraboloïde composé de semblables éléments,
et appliquant à chacun le même raisonnement que ci-dessus,
je conclus que la somme de tous les éléments du paraboloïde,
c'est-à-dire le volume même de ce corps, est égal à la somme
des éléments du volume complémentaire, et par conséquent la
moitié seulement du cylindre, proposition qui, étant dégagée
de toute considération de l'infini, est nécessairement et parfaitement rigoureuse.

PROBLÈME V.

44. *Démontrer que dans le mouvement uniformément accéléré les espaces parcourus sont comme les carrés des temps, à
compter de l'instant où la vitesse était* 0.

Le mouvement uniformément accéléré est celui dans lequel

les vitesses acquises depuis l'instant où la vitesse était 0, sont proportionnelles aux temps écoulés depuis la même époque. Si donc l'on nomme v cette vitesse, t le temps, et E l'espace parcouru; et que pour un autre instant on nomme v' la vitesse, t' le temps écoulé, et E' l'espace, on aura, par hypothèse, $v : v' :: t : t'$; et il s'agit de prouver qu'on a E : E' :: $t^2 : t'^2$.

Considérons la vitesse comme croissant par des degrés infiniment petits égaux, et soit p l'augmentation infiniment petite qu'elle reçoit à chaque fois. Cette vitesse sera donc successivement depuis le commencement 0, p, $2p$, $3p$, $4p$, ainsi de suite, selon les termes de la progression par différence croissante, dont le premier terme est 0 et la raison p.

Nommons q l'intervalle de temps infiniment petit qui s'écoule d'un accroissement de la vitesse à l'autre. Ces accroissements étant égaux, et les temps étant proportionnels aux vitesses, l'intervalle q sera toujours le même, et pendant cet intervalle la vitesse étant regardée comme uniforme, les espaces parcourus successivement seront 0, pq, $2pq$, $3pq$, etc., aussi selon les termes d'une progression par différence. Donc l'espace total parcouru, c'est-à-dire la somme des espaces parcourus à chaque instant, sera la somme de tous les termes de cette progression.

Or la somme de tous les termes d'une progression par différence, dont le premier terme est 0, se trouve en multipliant le dernier terme par la moitié du nombre des termes. Mais le temps total t est évidemment égal au petit temps q multiplié par le nombre des termes moins un; si donc on nomme n ce nombre de termes, on aura

$$t = q(n-1), \quad \text{ou} \quad n = \frac{t+q}{q},$$

ou en négligeant dans le numérateur q comme infiniment petit à l'égard de t, on aura $n = \frac{t}{q}$; donc la vitesse finale est $p(n-1)$, ou $p\frac{t}{q}$. Donc la somme des termes ou l'espace parcouru est $\frac{1}{2}p\frac{t.t}{q.q}$, c'est-à-dire qu'on aura E $= \frac{pt^2}{2q^2}$. Par la même raison on aura E' $= \frac{t'^2}{2q'^2}$, donc E : E' :: $t^2 : t'^2$; proportion qui, étant dégagée de toute considération de l'infini, est nécessairement et rigoureusement exacte.

45. Ces exemples suffisent pour montrer comment on peut employer dans le raisonnement et l'algèbre ordinaire les principes de l'analyse infinitésimale ; nous allons voir maintenant comment on est parvenu à réduire ces principes en algorithme dans les calculs différentiel et intégral.

CHAPITRE II.

DE L'ALGORITHME ADAPTÉ A L'ANALYSE INFINITÉSIMALE.

46. Une fois les principes généraux de la nouvelle doctrine bien établis, on a pu remarquer, dans les nombreuses applications dont elle est susceptible, que parmi les quantités infiniment petites qu'elle met en œuvre il en est d'une classe particulière qui s'offrent beaucoup plus fréquemment que toutes les autres : ce sont celles qu'on a nommées *différentielles*.

On entend par le mot *différentielle* la différence de deux valeurs successives d'une même variable, lorsque l'on considère le système auquel elle appartient, dans deux ou plusieurs états consécutifs, dont l'un est regardé comme fixe et les autres comme se rapprochant continuellement et simultanément du premier, jusqu'à en différer aussi peu qu'on le veut.

47. L'expression diminutive de quantité différentielle indique tout à la fois que la quantité qu'elle exprime est une différence, et que cette différence est une quantité infiniment petite. Elle marque la quantité infiniment petite dont la variable a augmenté en passant de son premier état au second.

La différentielle d'une quantité s'exprime ordinairement dans le calcul par la lettre d mise au devant de celle qui exprime la variable : ainsi dx signifie différentielle de x ; dy signifie différentielle de y ; $d\dfrac{x}{y}$ signifie différentielle de la fraction $\dfrac{x}{y}$, c'est-à-dire la quantité infiniment petite dont cette fraction augmente lorsque x augmente de dx et y de dy. La lettre d ne représente donc point une quantité, mais elle est employée comme simple indice : ce n'est qu'une abréviation de ces mots *différentielle de*, et elle porte dans le calcul le nom de *caractéristique*.

Les quantités constantes n'ont point de différentielles, ou, si l'on veut, leur différentielle est o, puisque par leur nature elles n'augmentent pas ou que leur augmentation peut être supposée nulle, lorsque le système est considéré comme passant de son premier état au second.

48. Lorsque le calcul donne pour la différentielle d'une quantité une valeur négative, c'est une preuve qu'on a fait une fausse supposition, et que la variable dont il s'agit, au lieu d'aller en croissant, comme on l'avait supposé, va au contraire en diminuant, par le changement général de l'état du système. Ainsi, par exemple, un arc de cercle moindre que le quart de la circonférence étant représenté par s, sa différentielle sera ds, celle de son sinus sera $d \sin s$ et celle de son cosinus $d \cos s$. Or, comme on suppose que s va en croissant, il est évident que le sinus ira de même en croissant, mais que le cosinus au contraire ira en diminuant. Donc le calcul algébrique devra assigner à $d \cos s$ une valeur négative, et c'est ce qui a lieu en effet, comme on le verra plus loin. Mais soit que la variable aille en augmentant ou en diminuant, on entend toujours par sa différentielle la différence de sa seconde valeur à la première, et on la désigne constamment par la caractéristique d, suivie de la variable et prise positivement, laissant à l'ordinaire au calcul le soin de redresser par lui-même les fausses suppositions qu'on pourrait avoir faites.

Lorsque plusieurs quantités variables sont liées par une loi quelconque, comme le sont par exemple l'abscisse et l'ordonnée d'une courbe, l'accroissement de l'une détermine nécessairement l'accroissement de l'autre. Ainsi, en désignant l'abscisse par x et l'ordonnée par y, il y aura entre dx et dy une relation déterminée par celle de x et de y elles-mêmes. Et réciproquement la relation de x et y dépend de celles qu'elles ont elles-mêmes avec leurs différentielles dx, dy. De là les deux branches de l'analyse infinitésimale, l'une ayant pour objet de trouver la relation qui existe entre les différentielles de plusieurs variables et ces variables elles-mêmes, lorsque l'on connaît celle qui existe entre ces dernières seulement ; l'autre ayant pour objet de retrouver la relation qui existe entre les variables seulement, lorsque l'on connaît celle qui lie ces variables avec leurs différentielles.

49. Or il est aisé de concevoir combien les règles de ces calculs, une fois trouvées, peuvent aider à résoudre les diverses questions qu'on peut se proposer. Car toute question se réduit à trouver la relation qui existe entre certaines quantités désignées. Or, si je ne puis apercevoir immédiatement cette relation, je cherche naturellement à y parvenir par l'entremise de quelques quantités auxiliaires : mais de toutes les quantités auxiliaires, l'usage apprend qu'aucune ne donne lieu à plus de simplifications que celles qu'on nomme *infinitésimales;* il est donc naturel de les introduire autant que possible dans les combinaisons. Alors il arrive, ou qu'elles s'éliminent d'elles-mêmes à la manière des quantités algébriques ordinaires, et, dans ce cas, tous les procédés suivis dans le cours des opérations appartiennent à ce qu'on nomme *calcul différentiel;* ou il faudra recourir à certaines transformations inusitées dans l'algèbre ordinaire, mais dont l'objet est toujours d'éliminer ces auxiliaires appelées *infinitésimales,* et ces transformations sont de la compétence de ce qu'on nomme *calcul intégral.*

Le premier de ces calculs est beaucoup plus facile que le second, parce qu'il ne renferme, à proprement parler, aucun procédé qui ne lui soit commun avec l'ancienne analyse : mais le calcul intégral exige des procédés fort différents et qui sont loin encore d'être complets, malgré les travaux des savants du premier ordre qui s'en sont occupés. Mon objet ici n'est que de faire connaître l'esprit de ces méthodes et d'indiquer la marche générale de ces calculs. Je commencerai par le calcul différentiel, comme le plus simple, et comme indispensable pour parvenir à la connaissance du calcul intégral, mais en me restreignant aux premières notions, pour l'un comme pour l'autre.

DU CALCUL DIFFÉRENTIEL.

50. Nous avons dit que la différentielle d'une quantité variable était la différence infiniment petite du second état de cette variable avec le premier : il s'agit donc de trouver cette différentielle pour tous les cas possibles, c'est-à-dire pour toutes les fonctions possibles des variables proposées, telles que x, y, z, etc., dont les différentielles particulières sont déjà exprimées par dx, dy, dz, etc.

Il faut d'abord examiner quelle distinction nous devons mettre entre l'opération par laquelle on prendrait une différence ordinaire ou finie, et celle par laquelle on doit se borner à prendre une différentielle, ou une différence infiniment petite. Si nous considérons le système proposé dans deux états quelconques déterminés différents l'un de l'autre, la différence des deux valeurs de la même quantité prise dans les deux systèmes sera également déterminée et ne pourra par conséquent être supposée aussi petite qu'on le voudra; ainsi l'on ne pourrait rien y négliger sans commettre des erreurs qu'on ne serait plus à même de rectifier. Mais si les deux systèmes sont supposés se rapprocher l'un de l'autre autant qu'on le veut, la différence des deux valeurs de la même variable pourra être rendue aussi petite qu'on le voudra, elle deviendra ce qu'on nomme une différentielle et ne sera autre chose que la différence ordinaire simplifiée par la suppression des quantités qui, dans son expression, pourraient se trouver infiniment petites, relativement aux autres termes dont elle est composée. Tel est le principe général de la différentiation.

. 51. Il suit évidemment de ce principe général que pour différentier une quantité ou une fonction quelconque de cette quantité ou de plusieurs quantités combinées, que j'exprimerai par $\varphi(x, y, z, \text{etc.})$, il n'y a qu'à la considérer dans le second état, c'est-à-dire lorsque x, y, z, etc., devenant respectivement $x+dx, y+dy, z+dz$, etc., cette fonction devient elle-même $\varphi(x+dx, y+dy, z+dz, \text{etc.})$; retrancher de cette fonction ainsi accrue ce qu'elle était d'abord, c'est-à-dire $\varphi(x,y,z,\text{etc.})$, ce qui donnera pour la différence de la fonction proposée,

$$\varphi(x+dx, y+dy, z+dz, \text{etc.}) - \varphi(x,y,z,\text{etc.});$$

et alors pour passer de cette différence à la différentielle, il n'y aura plus qu'à réduire l'expression en y négligeant les quantités qui se trouveraient infiniment petites vis-à-vis de celles auxquelles elles seraient ajoutées ou dont elles seraient retranchées. Il ne nous reste donc plus qu'à appliquer cette formule générale à chaque cas particulier.

Soit proposé de différentier la somme $a+b+x+y+z$ de

plusieurs quantités dont les unes a, b sont constantes et les autres x, y, z variables, c'est-à-dire soit proposé de trouver $d(a+b+x+y+z)$.

Suivant la formule générale donnée ci-dessus, les constantes a, b n'ayant aucune différentielle, et les variables x, y, z ayant respectivement pour différentielles dx, dy, dz, nous devons avoir

$$d(a+b+x+y+z)=a+b+(x+dx)+(y+dy)$$
$$+(z+dz)-(a+b+x+y+z),$$

équation qui se réduit à

$$d(a+b+x+y+z)=dx+dy+dz;$$

c'est-à-dire que *la différentielle d'une somme quelconque de constantes et de variables est égale à la somme des différentielles des seules variables.*

52. Soit proposé de différentier $x-y$; on aura, d'après la formule générale,

$$d(x-y)=(x+dx)-(y+dy)-(x-y),$$

ou, en réduisant,

$$d(x-y)=dx-dy;$$

c'est-à-dire que *la différentielle de la différence de deux variables quelconques est égale à la différence de leurs différentielles.*

Soit proposé de différentier $ax+by-cz$; on aura, par la formule générale,

$$d(ax+by-cz)=adx+bdy-cdz.$$

53. Soit proposé de différentier le produit xy; on aura d'abord pour différence, par la formule générale,

$$(x+dx)(y+dy)-xy,$$

ou, réduisant,

$$xdy+ydx+dxdy.$$

Mais comme il s'agit non d'une différence quelconque, mais de la différentielle, on remarquera que le dernier terme $dxdy$

est infiniment petit relativement à chacun des deux autres, puis-qu'en le divisant par le premier il donne $\dfrac{dx}{x}$, et par le second $\dfrac{dy}{y}$, qui sont évidemment l'une et l'autre des quantités infini-ment petites. Donc ce troisième terme doit être négligé vis-à-vis des autres; donc la formule se réduit à

$$dxy = xdy + ydx.$$

On trouverait pareillement

$$dxyz = xydz + xzdy + yzdx;$$

et de même pour un plus grand nombre de facteurs, d'où suit cette règle : *Pour différentier le produit de plusieurs facteurs variables, il faut prendre la somme des différentielles de chaque variable, multipliées chacune par le produit de toutes les autres variables.*

54. Soit proposé de différentier la fraction $\dfrac{x}{y}$.

Suivant la formule générale, la différence sera $\dfrac{x+dx}{y+dy} - \dfrac{x}{y}$, ou en réduisant au même dénominateur $\dfrac{ydx - xdy}{y^2 + ydy}$; or, comme ce n'est point la différence absolue qu'on demande, mais seu-lement la différentielle, il faut effacer de cette expression la quantité ydy au dénominateur, parce qu'elle se trouve infini-ment petite relativement à l'autre terme y^2. Donc on aura

$$d\,\frac{x}{y} = \frac{ydx - xdy}{yy},$$

c'est-à-dire qu'en général *la différentielle d'une fraction est égale au dénominateur de cette fraction multiplié par la diffé-rentielle du numérateur, moins le numérateur multiplié par la différentielle du dénominateur; le tout divisé par le carré du dénominateur.*

55. Soit proposé de différentier x^m.
Si l'on fait successivement $m = 2$, $m = 3$, $m = 4$, etc., on

pourra regarder x^m comme le produit de x multipliée par elle-même une fois, deux fois, trois fois, etc.; ainsi on pourra y appliquer la règle établie (53), d'où l'on tirera en général

$$dx^m = mx^{m-1}\,dx.$$

Si l'on suppose successivement $m = -1$, $m = -2$, $m = -3$, etc., ou, ce qui revient au même, si l'on veut diffé-rentier les quantités $\frac{1}{x}$, $\frac{1}{x^2}$, $\frac{1}{x^3}$, etc., il n'y aura qu'à leur ap-pliquer la règle trouvée ci-dessus pour différentier les frac-tions, et l'on parviendra également à la formule

$$dx^m = mx^{m-1}\,dx.$$

Si l'on suppose que l'exposant m soit une fraction $\frac{p}{q}$, on fera $x^{\frac{p}{q}} = z$; élevant chaque membre à la puissance q, on aura $x^p = z^q$, et différentiant chaque membre par la règle ci-dessus, on aura

$$px^{p-1}\,dx = qz^{q-1}\,dz;$$

d'où je tire

$$dz = \frac{px^{p-1}\,dx}{qz^{q-1}} :$$

substituant dans le second membre pour z sa valeur $x^{\frac{p}{q}}$, on aura

$$dz = \frac{px^{p-1}\,dx}{qx^{p-\frac{p}{q}}} = \frac{p}{q}x^{\frac{p}{q}-1}\,dx = m \cdot x^{m-1} \cdot dx,$$

qui est encore la même formule que ci-dessus.

C'est-à-dire donc que généralement *la différentielle d'une puissance quelconque positive ou négative, entière ou frac-tionnaire, est le produit de l'exposant de la puissance par la variable élevée à une puissance moindre d'une unité que la puissance donnée, le tout multiplié par la différentielle de la variable.*

56. Si les quantités proposées étaient affectées de radicaux, on commencerait par les convertir en quantités affectées d'ex-

posants. Ainsi les règles précédentes suffiront pour différentier toutes les quantités algébriques. Mais les quantités dont les exposants sont variables n'y sont pas comprises; cependant elles n'en sont pas moins susceptibles de différentiation, ainsi que les autres quantités auxquelles on a donné le nom de transcendantes, telles que les quantités logarithmiques et angulaires. Nous allons parcourir les règles qui ont été trouvées pour cela.

57. *Proposons-nous de différentier* a^x, a *étant une quantité constante et* x *un exposant variable.*

Suivant le principe général, la différentielle cherchée sera

$$a^{x+dx} - a^x, \quad \text{ou} \quad a^x.a^{dx} - a^x, \quad \text{ou} \quad a^x\left(a^{dx} - 1\right),$$

c'est-à-dire qu'on aura

$$da^x = a^x\left(a^{dx} - 1\right)\ldots\ldots(\mathbf{A})$$

Mais pour rendre cette équation utile, il faut faire en sorte que la quantité infiniment petite dx ne soit point employée en exposant.

Pour cela je fais $a = 1 + b$, j'aurai donc

$$a^{dx} = (1 + b)^{dx},$$

ou, en développant par la formule du binôme de Newton,

$$a^{dx} = 1 + dx\,b + \frac{dx\,b^2\,(dx-1)}{2} + \frac{dx\,b^3\,(dx-1)\,(dx-2)}{2.3} + \text{etc.,}$$

et comme la quantité infiniment petite dx disparaît devant les nombres finis 1, 2, 3, etc., l'équation, en transposant le premier terme du second membre, se réduit à

$$a^{dx} - 1 = dx\left(b - \frac{b^2}{2} + \frac{b^3}{3} - \frac{b^4}{4} + \text{etc.}\right).$$

Substituant donc cette valeur de $a^{dx} - 1$ dans la formule (**A**), et remettant pour b sa valeur $a - 1$, on aura

$$da^x = a^x dx\left[(a - 1) - \tfrac{1}{2}(a - 1)^2 + \tfrac{1}{3}(a - 1)^3 - \text{etc.}\right]\ldots(\mathbf{B})$$

58. La différentiation des quantités exponentielles qu'on

vient de voir, donne le moyen de différentier aussi les quantités logarithmiques. En effet, suivant la définition générale des
logarithmes, on a, quelle que soit la base a du système,
$x = \log a^x$, donc $dx = d \log a^x$. Substituant cette valeur de dx
dans l'équation (B), on aura

$$da^x = a^x d \log a^x \left[(a-1) - \tfrac{1}{2}(a-1)^2 + \tfrac{1}{3}(a-1)^3 - \text{etc.}\right];$$

d'où, en faisant $a^x = y$, on tire

$$d \log y = \frac{dy}{y} \cdot \frac{1}{\left[(a-1) - \tfrac{1}{2}(a-1)^2 + \tfrac{1}{3}(a-1)^3 - \text{etc.}\right]}.$$

Supposant donc, pour abréger, que ce dernier facteur, qui est
constant, soit représenté par m, on aura pour un système quelconque de logarithmes,

$$d \log y = \frac{m dy}{y} \quad \dots \quad (C)$$

Le nombre m, qui est, comme l'on voit, une fonction connue
de la base a du système logarithmique, est ce que l'on nomme
module de ce système.

Le cas le plus simple est celui où l'on suppose $m = 1$, ce
qui réduit la formule (C) à

$$d \log y = \frac{dy}{y}.$$

C'est pourquoi les logarithmes de ce système se nomment *logarithmes naturels* ou *logarithmes népériens*, du nom de leur
célèbre inventeur, le baron de Néper; ou encore *logarithmes
hyperboliques*, à cause de leur connexion avec la quadrature
des portions de la surface comprise entre l'hyperbole équila-
tère et ses asymptotes.

59. Puisque nous avons fait en général

$$m = \frac{1}{(a-1) - \tfrac{1}{2}(a-1)^2 + \tfrac{1}{3}(a-1)^3 - \text{etc.}},$$

nous aurons pour les logarithmes naturels, c'est-à-dire pour le
cas où $m = 1$,

$$(a-1) - \tfrac{1}{2}(a-1)^2 + \tfrac{1}{3}(a-1)^3 - \text{etc.} = 1,$$

ce qui donne par approximation

$$a = 2,718281828459045\ldots\ldots,$$

c'est-à-dire que la base des logarithmes naturels, ou le nombre dont le logarithme est 1 dans ce système, est à très-peu près le nombre précédent, qu'on est convenu de représenter en général par la lettre e dans les calculs algébriques. Ainsi dans ce système on a $x = \log e^x$,

$$e = 2,718281828459045\ldots\ldots$$

Mais nos Tables ordinaires de logarithmes, faites principalement pour l'usage de l'arithmétique, sont calculées sur une autre base. Notre numération étant décimale, on y suppose $a = 10$, c'est-à-dire qu'on y suppose $x = \log 10^x$; on y suppose donc successivement

$$10^x = 1, \quad 10^x = 2, \quad 10^x = 3, \quad \text{etc.},$$

et les valeurs de x qui satisfont à ces équations sont les logarithmes des nombres naturels 1, 2, 3, 4, etc.

En substituant cette valeur 10 de la base dans l'équation trouvée ci-dessus,

$$m = \frac{1}{(a-1) - \frac{1}{2}(a-1)^2 + \frac{1}{3}(a-1)^3 - \text{etc.}},$$

on a par approximation

$$m = 0,43429448\ldots.$$

C'est-à-dire que ce nombre est le module des Tables ordinaires.

60. Tous les systèmes possibles de logarithmes ont entre eux une liaison intime, de manière que ces logarithmes étant supposés calculés pour un certain système, il suffit de les multiplier tous par un même nombre pour passer à un autre.

En effet, soit K un nombre quelconque, $\log K$ le logarithme de ce nombre pris dans un système dont la base soit a, et $l'og K$ le logarithme du même nombre pris dans un autre système dont la base soit a'. Nous aurons donc

$$K = a^{\log K}, \quad K = a'^{l'og K}.$$

Donc
$$a^{\log K} = a'^{\,l'og K}.$$

Prenant les logarithmes dans le système dont la base est a, on aura
$$\log a^{\log K} = \log a'^{\,l'og K},$$
ou
$$\log K . \log a = l'og K . \log a'.$$
Donc
$$\log K : l'og K :: \log a' : \log a.$$

Mais par la même raison on aurait pour tout autre nombre K' :
$$\log K' : l'og K' :: \log a' : \log a.$$
Donc
$$\log K : l'og K :: \log K' : l'og K',$$
ou enfin
$$\log K : \log K' :: l'og K : l'og K'.$$

Donc les logarithmes des deux nombres pris dans le premier système sont entre eux comme les logarithmes des mêmes nombres pris dans le second.

61. Cette quantité constante par laquelle il faut multiplier tous les logarithmes d'un système pour avoir ceux d'un autre, est facile à trouver ; car la proportion trouvée ci-dessus
$$\log K : l'og K :: \log a' : \log a$$
donne
$$l'og K = \frac{\log a}{\log a'} \log K,$$
ou plus simplement, à cause de $\log a = 1$,
$$l'og K = \frac{1}{\log a'} \log K ;$$

c'est-à-dire que la quantité constante par laquelle il faut multiplier les logarithmes d'un système pour avoir ceux d'un autre, est l'unité divisée par le logarithme de la base de cet autre système pris dans le premier.

4.

62. Si l'on différentie l'équation précédente, d'après le principe général établi (58) elle donnera

$$\frac{md\mathrm{K}}{\mathrm{K}} = \frac{1}{\log a'} \cdot \frac{d\mathrm{K}}{\mathrm{K}} \quad \text{ou} \quad \log a' = \frac{1}{m}.$$

Ainsi, au lieu de diviser les logarithmes népériens par $\log a'$, pour avoir ceux d'un autre système quelconque, il n'y a qu'à les multiplier par m, c'est-à-dire par le module de ce système.

Or nous avons trouvé ci-dessus (59) pour le module des Tables ordinaires, $m = 0,43429448$. C'est donc par ce nombre qu'il faut multiplier les logarithmes naturels ou népériens pour avoir les logarithmes tabulaires.

Donc réciproquement si on a les Tables ordinaires calculées, il faudra diviser chacun des logarithmes de ces Tables par $0,43429448$ pour retrouver les logarithmes naturels, ou, ce qui revient au même, les multiplier tous par $2,30258509$, qui est égal à $\dfrac{1}{0,43429448}$, et d'après l'équation trouvée ci-dessus, $\log a' = \dfrac{1}{m}$, ce dernier nombre doit être le logarithme de 10 pris dans les Tables népériennes.

63. Nous venons de voir que a' exprimant la base d'un système quelconque de logarithmes, et m son module, on a $\log a' = \dfrac{1}{m}$ ou $m = \dfrac{1}{\log a'}$, $\log a'$ exprimant le logarithme népérien de a'. Donc *dans tout système le module n'est autre chose que l'unité divisée par le logarithme népérien ou naturel de la base logarithmique de ce système.*

Si donc nous reprenons les dénominations de l'article 58, c'est-à-dire que nous exprimions par a la base d'un système quelconque de logarithmes, et par m son module, nous aurons $m = \dfrac{1}{\log a}$, $\log a$ désignant le logarithme naturel de a, et non le logarithme pris dans le système dont a est la base et m le module.

Mais nous avons vu (59) qu'on a aussi généralement entre le

module et la base d'un système quelconque :

$$m = \frac{1}{(a-1) - \frac{1}{2}(a-1)^2 + \frac{1}{3}(a-1)^3 - \text{etc.}}.$$

Donc en général on a

$$\log a = (a-1) - \frac{1}{2}(a-1)^2 + \frac{1}{3}(a-1)^3 - \text{etc.}, \dots \quad (D)$$

$\log a$ exprimant toujours le logarithme népérien de a, ce qui donne une formule générale pour calculer les logarithmes de ce système.

Si dans cette formule on met pour a sa valeur $1 + b$ (57), elle deviendra

$$\log (1 + b) = b - \frac{1}{2}b^2 + \frac{1}{3}b^3 - \text{etc.}$$

Si dans cette équation on fait b négatif, elle deviendra

$$\log (1 - b) = -b - \frac{1}{2}b^2 - \frac{1}{3}b^3 - \text{etc.};$$

retranchant cette équation de la précédente, et observant que

$$\log (1 + b) - \log (1 - b) = \frac{\log (1 + b)}{\log (1 - b)},$$

on aura

$$\frac{\log (1 + b)}{\log (1 - b)} = 2 \left(b + \frac{1}{2}b^2 + \frac{1}{3}b^3 + \frac{1}{4}b^4 + \text{etc.} \right), \dots \quad (F)$$

formule très-connue qui donne le moyen de construire avec facilité les Tables des logarithmes naturels.

64. D'après ce qui a été dit (57 et 58), nous pouvons facilement différentier toute quantité, soit exponentielle, soit logarithmique ; mais nous observerons que les logarithmes naturels ou népériens sont les seuls qu'on emploie en algèbre, comme étant les plus simples ; que la lettre e est généralement prise pour représenter la base de ce système, c'est-à-dire le nombre dont le logarithme est 1, et qu'enfin ce nombre est $2,71828182845$, à très-peu près (59). Cela posé :

Soit proposé de différentier $\log x$, nous aurons $d \log x = \dfrac{dx}{x}$,

ce qu'on exprime plus simplement ainsi $d \, l \, x = \dfrac{dx}{x}$.

On trouvera de même

$$d\,l\,(a+x) = \frac{dx}{a+x}; \quad d\,l\,\frac{a}{a+x} = -\frac{dx}{a+x};$$

$$d\,l\,\frac{x}{y} = \frac{dx}{x} - \frac{dy}{y}; \quad d\,l\,\frac{a+x}{a-x} = \frac{dx}{a+x} - \frac{dx}{a-x}:$$

$$d\,l\,(aa+xx) = \frac{2\,x\,dx}{aa+xx}.$$

Soit proposé de différentier e^x; nous aurons

$$de^x = e^x\,dx;$$

soit proposé de différentier a^x; on aura

$$da^x = a^x\,dx\,l\,a;$$

pareillement on trouvera

$$dx^y = x^y\left(dy\,lx + \frac{y\,dx}{x}\right);$$

$$d\,(aa+xx)^x = (aa+xx^x\,dx\left[l\,(aa+xx) + \frac{2\,x^2\,dx}{aa+xx}\right],\ \text{etc.}$$

D'après tout ce qui vient d'être dit sur les quantités exponentielles et logarithmiques, on voit que leur différentiation se réduit aux deux règles suivantes, qui dérivent l'une de l'autre (**57** et **58**).

1°. *La différentielle du logarithme d'une quantité quelconque est égale à la différentielle de cette quantité, divisée par cette même quantité.*

2°. *La différentielle d'une quantité exponentielle se trouve en multipliant cette quantité exponentielle par la différentielle de son logarithme.*

Je passe à la différentiation des quantités angulaires.

65. *Soit proposé de différentier* sin x, *x étant un arc quelconque de cercle dont le rayon est* 1.

Suivant le principe général de la différentiation, on doit avoir

$$d\sin x = \sin(x+dx) - \sin x$$
$$= \sin x \cos dx + \sin dx \cos x - \sin x.$$

Mais il est aisé de voir que, 1° le cosinus d'un arc infiniment petit ne diffère du rayon que d'une quantité infiniment petite du second ordre, puisque cette quantité est le sinus verse, et que le sinus verse est égal au carré du sinus qui est une quantité infiniment petite du second ordre, divisé par le diamètre moins le même sinus verse, qui est une quantité finie ; d'où suit d'abord qu'on peut supposer cos $dx = 1$, et par conséquent $\sin x \cos dx = \sin x$; 2° la circonférence pouvant être considérée comme un polygone d'une infinité de côtés, $\sin dx$ et dx diffèrent infiniment peu l'un de l'autre, puisque dx est l'hypoténuse d'un triangle rectangle ; donc un des petits côtés est $\sin dx$, et l'autre cosinus verse dx, qui est un infiniment petit du second ordre.

Donc l'équation trouvée ci-dessus se réduit à

$$d \sin x = dx \cos x.$$

Soit proposé de différentier $\cos x$.

Suivant le principe général de la différentiation, on doit avoir

$$d \cos x = \cos (x + dx) - \cos x$$
$$= \cos x \cos dx - \sin x \sin dx - \cos x,$$

équation qui, d'après les observations ci-dessus, se réduit à

$$d \cos x = - dx \sin x.$$

Soit proposé de différentier $\tan g\, x$. On a

$$\tan g\, x = \frac{\sin x}{\cos x},$$

donc

$$d \tan g\, x = d\, \frac{\sin x}{\cos x},$$

équation qui se réduit à

$$d \tan g\, x = \frac{dx}{\cos x^2},$$

et comme

$$\cot x = \frac{\cos x}{\sin x},$$

on trouvera de même

$$d \cot x = \frac{-dx}{\sin x^2},$$

66. En appliquant ces règles principales à d'autres exemples, on trouvera :

$$d\sin mx = mdx \cos mx,$$
$$d\cos mx = -mdx \sin mx,$$
$$d\sin x^m = mdx \cos x \sin x^{m-1},$$
$$d\cos x^m = -mdx \sin x \cos x^{m-1},$$

$$d\tan mx = \frac{mdx}{\cos mx^2},$$
$$d\cot mx = \frac{-mdx}{\sin mx^2},$$
$$d\tan x^m = \frac{m^2 dx \tan x^{m-1}}{\cos x^2},$$
$$d\cot x^m = \frac{-m^2 dx \cot x^{m-1}}{\sin x^2}.$$

67. D'après ce qui a été dit sur la différentiation des quantités de toutes espèces, il est évident que la différentielle d'une quantité qui ne renferme qu'une seule variable x, doit avoir pour l'un de ses facteurs la différentielle dx, puisqu'elle doit se réduire à zéro en faisant $dx = 0$. Mais aucun des termes ne doit se trouver multiplié par les puissances supérieures de dx, parce que ces termes, étant infiniment petits relativement aux autres, ont dû être négligés.

Par la même raison, si la fonction contient plusieurs variables x, y, z, la différentielle ne peut contenir que des termes multipliés par dx, dy, dz, à la première puissance seulement, et il ne doit s'en trouver aucun qui ait pour facteur ces différentielles élevées à des puissances supérieures ou multipliées les unes par les autres.

La somme des termes qui ont pour facteur commun dx, composent la différentielle de la fonction proposée relativement à x, c'est-à-dire en regardant x seule comme variable; et de même pour la somme des termes qui ont pour facteurs communs dy, dz, etc.

Donc la différentielle totale de la fonction proposée n'est autre chose que la somme des différentielles partielles que l'on obtient en faisant varier cette fonction successivement par rapport à chacune des variables qui s'y trouvent.

Pour exprimer ces différentielles partielles, on emploie la notation suivante. Soit P une fonction de x, y, z, etc. La différentielle partielle de cette fonction prise par rapport à x s'exprime ainsi $\frac{dP}{dx} dx$; de même $\frac{dP}{dy} dy$ exprime la différentielle de la fonction P par rapport à y; ainsi des autres : de sorte qu'on a

$$dP = \frac{dP}{dx} dx + \frac{dP}{dy} dy + \frac{dP}{dz} dz + \text{etc.}$$

68. Au lieu de considérer le système des quantités variables dans deux états consécutifs, comme nous l'avons fait jusqu'à présent, nous pouvons le considérer successivement dans deux, trois, quatre ou un plus grand nombre d'états consécutifs, tous infiniment peu différents les uns des autres. Alors à mesure que le premier des systèmes auxiliaires se rapproche du système proposé, les autres s'en rapprocheront aussi; tellement que si ce premier système auxiliaire vient à coïncider avec le système proposé, tous les autres coïncideront en même temps, et toutes les différentielles de l'un de ces systèmes à l'autre s'évanouiront à la fois.

Les différences infiniment petites des quantités du premier système auxiliaire aux quantités correspondantes du système désigné ne sont pas les mêmes que celles des quantités du second système auxiliaire à celles du premier; et de même elles varieront du second au troisième, du troisième au quatrième, ainsi de suite : ainsi ces différences sont des variables qui auront, comme toutes les autres, leurs différentielles; et en conservant toujours la caractéristique d pour exprimer la différentielle de toute espèce de quantités, la quantité ddx exprimera la quantité dont dx augmente du premier système auxiliaire au second; de la même manière que dx exprime la quantité dont x augmente en passant du système désigné à ce premier système auxiliaire. Pareillement $dddx$ exprimera la quantité dont ddx augmente en passant du second système auxiliaire au troisième, ainsi de suite.

Les quantités dx, ddx, $dddx$, etc., se nomment *différen-*

tielles première, seconde, troisième, etc., de la quantité x. Pareillement dy, ddy, $dddy$, etc., sont les différentielles première, seconde, troisième, etc., de y; ainsi des autres.

Au lieu d'écrire ddx, $dddx$, $ddddx$, etc., on écrit souvent par abréviation d^2x, d^3x, d^4x, etc., ce qui n'indique point des puissances, et ne doit pas être confondu avec $(dx)^2$, $(dx)^3$, $(dx)^4$, etc., qui sont aussi des abréviations, et signifient $dxdx$, $dxdxdx$, $dxdxdxdx$, qui sont réellement les puissances de dx, qu'on exprime encore en supprimant la parenthèse et écrivant seulement dx^2, dx^3, dx^4, etc., et qu'il faut également distinguer des quantités $d(x)^2$, $d(x)^3$, etc., qui sont les différentielles des puissances x^2, x^3, x^4, etc., de x, tandis que les autres sont, au contraire, les puissances des différentielles de x.

69. Il suit de ce qui vient d'être dit, que les différentielles de tous les ordres se différentient comme toute autre variable, et qu'il ne faut point de règles particulières pour cela. Ainsi, par exemple, en différentiant xy, on trouve $xdy + ydx$; différentions cette différentielle, et nous aurons

$$dxdy + xddy + dydx + yddx;$$

différentions de nouveau celle-ci, et nous aurons

$$3\,dxddy + 3\,dyddx + xd^3y + yd^3x;$$

ainsi de suite.

70. Il est bon d'observer que, quoique d^2x et dx^2 ne soient pas la même chose, ce sont cependant deux quantités infiniment petites du second ordre. Car, par exemple, la première différentielle de l'équation

$$yy = 2ax - xx,\ \text{est}\ ydy = adx - xdx;$$

et la différentielle seconde est

$$yd^2y + dy^2 = ad^2x - xd^2x - dx^2,$$

où l'on voit que l'équation ne peut être homogène, à moins que tous les termes ne soient du même ordre, c'est-à-dire tous du second.

71. Il faut encore observer que quand diversés variables sont liées par des équations, on peut toujours prendre pour constante la différentielle de l'une quelconque de ces variables, laquelle est alors prise pour terme de comparaison, et sert à régler toutes les autres. Car, par exemple, dans une courbe, nous pouvons bien supposer que les accroissements successifs de l'abscisse se font par degrés égaux infiniment petits; alors tous les dx seront égaux, et par conséquent on aura $ddx = 0$: mais à ces degrés égaux d'accroissement de l'abscisse répondront des accroissements de l'ordonnée qui ne seront point égaux; ainsi ddy ne sera pas zéro, et la loi suivant laquelle varieront ces dy en passant d'un système à l'autre, tandis que dx restera constant, sera précisément ce qui fera connaître la nature de la courbe, c'est-à-dire que la nature de la courbe dépendra des relations qui existeront entre les différentielles successives, dy, ddy, $dddy$, etc., de la variable désignée y.

Appliquons ces règles générales du calcul différentiel à quelques exemples.

72. *Soit proposé de trouver la sous-tangente de la courbe qui a pour équation*

$$ay^{m+n} = x^m (a-x)^n.$$

Considérons la courbe proposée comme un polygone d'une infinité de côtés. Soit MN un de ces côtés (*fig.* 1); si l'on prolonge ce côté jusqu'à l'axe de la courbe en T, ce sera la tangente; soit cet axe ou ligne des abscisses TB; des deux extrémités M, N, du petit côté MN soient menées les ordonnées MP, NQ, infiniment proches l'une de l'autre, et du point M soit menée la petite droite MO, parallèle à l'axe et terminée à l'ordonnée MQ. La ligne TP est donc la sous-tangente cherchée.

Or il est clair qu'on a $MO = dx$, $NO = dy$, et que les triangles semblables MNO, TMP, donnent par conséquent

$$dy : dx :: y : TP.$$

Donc nous avons l'équation imparfaite

$$TP = y \frac{dx}{dy} \cdots (A)$$

Maintenant je différentie l'équation donnée pour en tirer la valeur de $\dfrac{dx}{dy}$, et la substituer dans l'équation (A). Cette équation différentiée me donne

$$(m+n)\,ay^{m+n-1}\,dy = m\,(a-x)^n\,x^{m-1}\,dx - nx^m\,(a-x)^{n-1}\,dx,$$

qui est aussi une équation imparfaite, d'où je tire

$$\frac{dx}{dy} = \frac{(m+n)\,ay^{m+n-1}}{m\,(a-x)^n\,x^{m-1} - nx^m\,(a-x)^{n-1}} \cdots (\mathbf{B})$$

Substituant cette dernière valeur de $\dfrac{dx}{dy}$ dans l'équation (A), j'aurai

$$\mathrm{TP} = \frac{(m+n)\,(ax-xx)}{ma-mx-nx},$$

équation qui, étant dégagée de toute considération de l'infini, est rigoureusement exacte, et me donne la valeur cherchée de la sous-tangente TP.

73. *Soit proposé de déterminer les plus grandes et les plus petites ordonnées de la courbe qui a pour équation*

$$yy + xx = 3\,ax - 2\,aa + 2\,by - bb \;\;(\mathit{fig.}\;5).$$

Il est clair que les plus grandes et les plus petites ordonnées de la courbe proposée sont celles qui répondent aux points où la tangente devient parallèle aux abscisses, ou, ce qui revient au même, en considérant la courbe comme un polygone d'une infinité de côtés; ce sont les ordonnées qui répondent aux petits côtés parallèles aux abscisses : d'où il suit que l'ordonnée reste la même sur toute l'étendue de ce petit côté, c'est-à-dire qu'au point du *maximum* ou du *minimum* de cette ordonnée sa différentielle devient o, quoique celle de l'abscisse ne le soit pas, et qu'on a par conséquent $\dfrac{dy}{dx} = 0$.

Appliquons ce principe à l'équation proposée; en la différentiant elle nous donnera l'équation imparfaite

$$\frac{dy}{dx} = \frac{3\,a - 2\,x}{2\,y - 2\,b},$$

c'est donc cette quantité qui doit être égale à o, ce qui donne

$$3a - 2x = 0, \quad \text{ou} \quad x = \tfrac{3}{2}\,a,$$

et par conséquent

$$y = b \pm \tfrac{1}{2}\,a,$$

équations qui, étant dégagées de toute considération de l'infini, sont rigoureusement exactes.

74. *Soit proposé de trouver le* maximum *ou le* minimum *de la fonction* $ax^3 - bxy^2 + f^2 z^2 - gxyz$ *des variables x, y, z.*

Lorsqu'une fonction est parvenue à son *maximum*, elle cesse d'augmenter pour diminuer ensuite, soit que les variables particulières qui y entrent continuent d'augmenter, soit qu'elles diminuent, et lorsqu'elle est parvenue à son *minimum*, elle cesse nécessairement de diminuer pour augmenter ensuite, soit que les variables particulières augmentent, soit qu'elles diminuent. Ainsi dans le cas des *maxima* et des *minima*, la différentielle de la fonction est toujours égale à zéro, quoique les différentielles des variables particulières ne le soient pas.

Pour appliquer ce principe au cas proposé, je suppose d'abord qu'on ait trouvé les valeurs déterminées de y et z qui satisfont à la condition proposée, il ne restera donc plus qu'à déterminer celle de x: ce qui se fera par conséquent en différentiant la fonction proposée relativement à x seulement, égalant à zéro et divisant par dx, ce qui donnera

$$3ax^2 - by^2 - gyz = 0.$$

En appliquant ce même raisonnement aux variables y et z, on aura pareillement

$$2bxy - gxz = 0,$$
$$2f^2 z - gxy = 0,$$

équations qui, étant toutes indépendantes de la considération de l'infini, sont rigoureusement exactes. Telles sont donc les trois équations finies auxquelles il faut satisfaire, ce qui ramène la question proposée à l'analyse ordinaire.

Ces trois différentiations successives reviennent évidemment au même que si l'on différentiait la fonction par rapport à toutes les variables à la fois, et qu'on égalât à o le coefficient différentiel de chacune de ces variables.

75. *Soit proposé de trouver le point d'inflexion de la courbe qui a pour équation* $b^2y = ax^2 - x^3$, *si elle en a un.*

Soit ABMN (*fig.* 6) la courbe proposée, que AP soit l'abscisse et MP l'ordonnée, correspondantes au point d'inflexion cherché M. Soit menée un tangente MK à ce point d'inflexion. il est visible que l'angle KMP est un *maximum*, c'est-à-dire plus grand que l'angle LNQ, formé par une autre tangente quelconque NL et l'ordonnée correspondante NQ ; donc la tangente trigonométrique de l'angle KMP est aussi un *maximum*. Mais cette tangente trigonométrique est $\dfrac{dx}{dy}$, donc on doit avoir

$$d.\frac{dx}{dy} = 0.$$

Or, la courbe ayant pour équation

$$b^2y = ax^2 - x^3,$$

on a

$$\frac{dx}{dy} = \frac{b^2}{2\,ax - 3\,x^2} \,;$$

donc on doit avoir

$$d.\frac{b}{2\,ax - 3\,x^2} = 0,$$

ce qui donne

$$x = \tfrac{1}{3}\,a,$$

équation qui, étant dégagée de toute considération de l'infini, est rigoureusement exacte.

76. *Soit proposé de trouver le rayon du cercle osculateur de la courbe qui a pour équation* $yy = ax$ (*fig.* 7).

Soit une courbe *abcde* F enveloppée d'un fil fixé par l'une de ses extrémités à l'un quelconque F des points de cette courbe, plié sur elle, et dont l'autre extrémité soit M. Si l'on conçoit maintenant que ce fil restant toujours tendu se déroule, et que son extrémité M trace une nouvelle courbe M*mm'*, cette nouvelle courbe s'appelle *développante* de la première, et cette première s'appelle la *développée.*

La portion du fil comprise à chaque instant entre la développée et la développante se nomme *rayon de la développée :* ainsi, pour le point M de la développante, la droite M*b* est ce qu'on nomme le rayon de la développée, *mc* est le rayon de la développée au point *m* ; ainsi de suite.

Si l'on considère la développée comme un polygone d'une infinité de côtés *ab, bc, cd,* etc., les petites portions M*m, mm'*, etc., de la développante deviendront de petits arcs de cercle qui auront leurs centres aux points *c, d,* etc. ; c'est pourquoi les cercles qui ont pour rayons respectifs M*c, md,* etc., et dont les petits arcs se confondent avec ceux de la développante, se nomment cercles osculateurs de cette courbe, aux lieux où ils se confondent ; ainsi les rayons des cercles osculateurs, que pour cette raison on nomme aussi rayons de courbure, ne sont autre chose que ceux de la développée.

Il s'agit donc de trouver le rayon de la développée pour un point quelconque M de la développante. Or, la grandeur d'un angle étant estimée par l'arc qui en donne la mesure lorsque le rayon est 1, il est clair que l'arc M*m* = M*c*.M*cm*... (A) ; mais les rayons M*c, md,* étant successivement perpendiculaires aux petits arcs M*m, mm'*, et par conséquent à leurs tangentes respectives aux points M, *m,* l'angle M*cm*, formé par ces rayons, sera le même que celui que formeraient ces tangentes. Or, il est évident que dans une courbe quelconque l'angle formé par deux tangentes est égal à l'accroissement que reçoit, en passant de l'une à l'autre, l'angle formé par l'ordonnée avec la première de ces tangentes : donc si les deux tangentes sont infiniment proches l'une de l'autre, l'angle qu'elles formeront, et par conséquent aussi l'angle M*cm* que formeront les rayons de courbure correspondants M*c, md,* sera la différentielle de l'angle formé par la tangente de la courbe et l'ordonnée.

Supposant donc que MT soit la ligne tangente au point M et MP l'ordonnée, si l'on nomme R le rayon de courbure, *s* l'arc correspondant, *x* et *y* les coordonnées, on aura, par l'équation (A) trouvée ci-dessus,

$$ds = \text{R}.d\text{TMP}....\ (\text{B})$$

Mais la tangente trigonométrique de l'angle TMP est $\dfrac{dx}{dy}$ (72) et l'on sait (65) que la différentielle d'un angle est égale à la différentielle de sa tangente, multipliée par le carré du cosinus, donc

$$d.\text{TMP} = \cos \text{TMP}^2.d.\ \frac{dx}{dy} = \frac{dy^2}{ds^2}\ d\ \frac{dx}{dy},$$

donc l'équation (B) devient

$$ds = \text{R}\ \frac{dy^2}{ds^2}\ d\ \frac{dx}{dy},$$

d'où l'on tire

$$\text{R} = \frac{ds^3}{dy^2.d\ \dfrac{dx}{dy}} \cdots (\text{C})$$

Il s'agit maintenant d'appliquer cette formule générale qui n'est qu'une équation imparfaite au cas proposé, c'est-à-dire à la courbe qui a pour équation

$$yy = ax.$$

En différentiant cette équation, on a

$$\frac{dx}{dy} = \frac{2y}{a},$$

et par conséquent

$$d\frac{dx}{dy} = \frac{2\,dy}{a};$$

ainsi l'équation (C) devient

$$\text{R} = \frac{ads^3}{2\,dy^3},$$

ou, à cause de

$$ds = \sqrt{dx^2 + dy^2}$$

$$\text{R} = \frac{a.(dx^2 + dy^2)^{\frac{3}{2}}}{2\,dy^3} = \tfrac{1}{2} a \left(\frac{dx^2}{dy^2} + 1 \right)^{\frac{3}{2}}.$$

Substituant dans cette équation imparfaite pour $\dfrac{dx}{dy}$ sa valeur

$\frac{2\,y}{a}$, et réduisant, on aura

$$R = \frac{4\,(y^2 + a^2)^{\frac{3}{2}}}{2\,a^2} = \frac{(4\,x + a)^{\frac{3}{2}}}{2\,a^{\frac{1}{2}}},$$

équation qui, étant dégagée de toute considération de l'infini, est rigoureusement exacte.

DU CALCUL INTÉGRAL.

77. Il ne faut pas perdre de vue que les quantités infinitésimales ne sont jamais que des quantités auxiliaires, introduites seulement dans le calcul pour faciliter la comparaison des quantités désignées, c'est-à-dire des quantités dont on veut avoir la relation, et que le but ultérieur qu'on se propose est toujours de les éliminer.

Lorsque cette élimination n'a besoin, pour être exécutée, que des transformations ordinaires de l'Algèbre, les opérations se rapportent à ce qu'on nomme *calcul différentiel.* Mais lorsqu'on ne peut obtenir cette élimination que par l'opération inverse de celle qu'on fait pour différentier des quantités proposées, cette opération devient l'objet de ce qu'on nomme *calcul intégral.*

Intégrer une quantité différentielle, c'est retrouver la quantité qui, par sa différentiation, donne cette quantité différentielle proposée.

Mais cette opération inverse est beaucoup plus difficile que l'opération directe, de même que la division est plus difficile que la multiplication, dont elle n'est cependant que l'opération inverse; que l'extraction des racines est plus compliquée que l'élévation des puissances, dont elle est également l'inverse; et qu'enfin la résolution des équations est beaucoup plus difficile que leur composition, puisqu'on n'y parvient même généralement que pour les degrés inférieurs.

Il y a d'ailleurs un grand nombre d'expressions différentielles, telles que $y\,dx$, qui ne peuvent réellement résulter d'aucune différentiation, et qui, par conséquent, ne sauraient s'intégrer : il y en a d'autres qui peuvent être susceptibles d'intégration, mais le moyen d'y parvenir n'est pas encore connu.

78. La quantité qui par sa différentiation produit une différentielle proposée, s'appelle *intégrale* de cette différentielle, parce qu'on la regarde comme ayant été formée par des accroissements successifs infiniment petits; chacun de ces accroissements est ce que nous avons appelé la *différentielle* de la quantité croissante, c'en est une fraction; et la somme de toutes ces fractions est la quantité entière que l'on cherche, et que pour cette raison l'on nomme *intégrale* de cette différentielle; c'est par cette même raison que l'on appelle *intégrer* ou *sommer* une différentielle, chercher l'intégrale ou la somme de tous les accroissements successifs infiniment petits qui forment la série, dont la différentielle proposée est, à proprement parler, le terme général.

79. Une intégrale étant considérée comme la somme des éléments qu'on nomme *différentielles*, on est convenu de la désigner dans le calcul par la caractéristique $\int$ qui est regardée comme l'abréviation des mots *somme de*. Ainsi le signe $\int$ détruit l'effet du signe d, de manière que $\int d\mathrm{X}$ n'est autre chose que la quantité X elle-même.

Il est évident que deux quantités variables qui demeurent constamment égales entre elles, augmentent à chaque instant autant l'une que l'autre, et que par conséquent leurs différentielles sont égales : et la même chose aurait lieu quand même ces deux quantités eussent différé entre elles d'une autre quantité quelconque, lorsqu'elles ont commencé à varier; pourvu que cette différence primitive soit toujours la même, leurs différentielles seront toujours égales.

Réciproquement, il est clair que deux quantités variables qui reçoivent à chaque instant des augmentations infiniment petites égales, doivent aussi demeurer constamment égales entre elles, ou différer toujours de la même quantité, c'est-à-dire que les intégrales de deux différentielles qui sont égales ne peuvent jamais différer entre elles que d'une quantité constante.

Par la même raison, si deux quantités quelconques sont infiniment peu différentes l'une de l'autre, leurs différentielles différeront aussi entre elles infiniment peu ; et réciproquement, si deux quantités différentielles sont infiniment peu différentes l'une de l'autre, leurs intégrales, abstraction faite de la constante, ne peuvent aussi différer l'une de l'autre qu'infiniment peu.

80. C'est sur ces principes qu'est fondée l'application des règles du calcul intégral. Soit, par exemple (*fig.* 8), AMNR, une courbe dont on veuille trouver l'aire, c'est-à-dire la surface AMP, comprise entre l'arc AM de cette courbe, son abscisse AP et son ordonnée MP.

Si l'on conçoit que l'abscisse AP ou x augmente de la quantité infiniment petite PQ ou dx, l'aire cherchée de la courbe augmentera du petit trapèze mixtiligne MNQP ; ce petit trapèze sera donc l'élément ou la différentielle de la surface cherchée ; ainsi nous aurons d'abord

$$AMP = \int MNQP \ldots \ldots (A)$$

Mais d'un autre côté, en négligeant le petit triangle mixtiligne MNO, qui est évidemment infiniment petit à l'égard du trapèze, nous aurons pour l'aire de ce trapèze considéré comme égal au rectangle MOQP, le produit ydx de sa base y par sa hauteur dx ; donc ydx diffère infiniment peu de la différentielle de l'aire cherchée. Donc (79) $\int ydx$ différera infiniment peu de $\int MNQP$ ou AMP, abstraction faite de la constante, c'est-à-dire donc que

$$AMP = \int ydx + C \ldots (B)$$

est ce que j'ai appelé une *équation imparfaite.*

Supposons, par exemple, que la courbe soit une parabole ordinaire, dont le paramètre soit p, nous aurons $yy = px$, et en différentiant $2ydy = pdx$; donc $dx = \dfrac{2ydy}{p}$; substituant cette valeur dans l'équation (A), on aura

$$AMP = \int \frac{2y^2 dy}{p} + C.$$

Mais (55)

$$d\frac{2y^3}{3p} = \frac{2y^2 dy}{p}.$$

Donc réciproquement

$$\int \frac{2\,y^2\,dy}{p} = \int d\frac{2\,y^2}{3p} = \frac{2\,y^3}{3p} \quad (79).$$

Donc l'équation (B) devient

$$\mathrm{AMP} = \tfrac{2}{3}.\frac{y^3}{p} + \mathrm{C},$$

ou, à cause de $yy = px$,

$$\mathrm{AMP} = \tfrac{2}{3}\,xy + \mathrm{C}\ldots\ldots (\mathrm{C})$$

Mais cette équation, que je n'ai regardée jusqu'à présent que comme une équation imparfaite, se trouve ne renfermer aucune quantité infinitésimale : donc elle est devenue parfaitement rigoureuse, c'est-à-dire que l'aire de la parabole est exactement $\tfrac{2}{3}\,xy + \mathrm{C}$.

Il me reste à déterminer la constante C. Pour cela j'observe que l'origine des abscisses étant en A, si nous supposons $x = o$, nous aurons aussi $y = o$. Et comme nous cherchons l'aire totale à compter du point A, nous aurons aussi $\mathrm{AMP} = o$. Donc l'équation

$$\mathrm{AMP} = \tfrac{2}{3}\,xy + \mathrm{C}$$

devant avoir lieu, quelle que soit la valeur de x, donne

$$o = o + \mathrm{C}, \quad \text{ou} \quad \mathrm{C} = o.$$

Donc l'équation qui donne l'aire de la parabole se réduit à

$$\mathrm{AMP} = \tfrac{2}{3}\,xy.$$

On conçoit par cet exemple l'usage qu'on peut faire du calcul intégral, et combien il est important de rechercher les moyens de passer des équations différentielles qu'on peut avoir trouvées par l'expression des conditions d'un problème aux équations intégrales qui peuvent en dériver.

81. Les règles du calcul intégral dérivent nécessairement de celles du calcul différentiel, qui en est l'inverse. Le détail de ces règles ne peut être l'objet d'un ouvrage tel que celui-ci. Contentons-nous d'en donner une idée. Considérons d'abord

le cas où il n'entre qu'une seule variable dans l'expression différentielle.

Soit proposé d'intégrer le monôme $ax^m\, dx$; je dis qu'on aura

$$\int ax^m dx = \frac{ax^{m+1}}{m+1},$$

abstraction faite de la constante que je sous-entends pour plus de simplicité.

En effet, si l'on différentie $\frac{ax^{m+1}}{m+1}$, suivant la règle prescrite (55), on aura $ax^m dx$. Donc réciproquement l'intégrale de $ax^m dx$ est, comme nous l'avons dit, $\frac{ax^{m+1}}{m+1}$. C'est-à-dire donc qu'en général :

Pour intégrer une différentielle monôme à une seule variable il faut : 1° *augmenter l'exposant de la variable d'une unité;* 2° *diviser par cet exposant ainsi augmenté de l'unité, et par la différentielle de la variable.*

Cette règle a lieu, soit que l'exposant soit positif ou négatif, entier ou fractionnaire.

Si la différentielle monôme avait un radical, il faudrait, pour appliquer la règle précédente, commencer par convertir ce radical en exposant fractionnaire.

82. La règle donnée ci-dessus souffre cependant une exception, dans le cas où l'on a $m = -1$, puisque alors l'intégrale deviendrait $\frac{a}{o}$, quantité infinie. Dans ce cas, la véritable intégrale est $a \log x$, c'est-à-dire qu'on a

$$\int \frac{adx}{x} = a \log x,$$

puisque en effet nous avons (64)

$$da \log x = \frac{adx}{x}.$$

Mais il faut remarquer que pour rendre l'intégrale complète, on doit y ajouter une constante C. Ainsi l'on a réellement

$$\int \frac{adx}{x} = a \log x + C.$$

Si l'on veut maintenant que l'intégrale commence lorsqu'on a $x = 0$, c'est-à-dire si l'on veut que l'intégrale $\int \dfrac{a\,dx}{x}$ soit 0 quand x est 0, on aura

$$0 = a \log 0 + C \quad \text{ou} \quad C = - a \log 0;$$

donc l'intégrale complète sera

$$\int \frac{a\,dx}{x} = a \log x - a \log 0 = a \log \frac{x}{0},$$

c'est-à-dire qu'alors l'intégrale complète sera infinie, ce qui explique pourquoi la règle donnée ci-dessus fait trouver pour $\int a x^m\, dx$ une quantité infinie pour le cas où l'on a $m = -1$.

83. Puisque nous savons intégrer un monôme quelconque, nous pourrons intégrer une suite quelconque de monômes, telle que

$$a x^3\, dx + \frac{b x^2\, dx}{c} - f\, dx,$$

car il n'y a qu'à appliquer la règle trouvée à chacun de ces monômes en particulier. Ainsi, toujours abstraction faite de la constante, nous aurons

$$\int \left(a x^3\, dx + \frac{b x^2\, dx}{c} - f\, dx \right) = \frac{a x^4}{4} + \frac{b x^3}{3 c} - f x.$$

Il est évident que la même règle s'applique au cas où il entre dans l'expression différentielle des quantités complexes, pourvu qu'elles ne se trouvent point au dénominateur, et que leur exposant soit un nombre entier et positif, puisque alors il n'y a qu'à exécuter l'opération, c'est-à-dire élever à la puissance indiquée, pour convertir la fonction en une suite de monomes.

84. La même règle s'applique encore au cas où la fonction proposée, quoique complexe, se trouverait élevée à une puissance quelconque, fractionnaire ou négative, pourvu que la totalité des termes qui multiplie cette quantité complexe fût la différentielle de ce qui est sous l'exposant, multipliée par une constante; car, pour ramener ce cas au premier, il n'y a évidemment qu'à faire cette quantité complexe égale à une nouvelle variable simple.

Soit, par exemple, proposé d'intégrer la quantité différentielle

$$(a + bx)^m\, dx,$$

qui contient la fonction complexe $(a + bx)^m$, l'exposant m pouvant être négatif ou fractionnaire : je vois que cette différentielle est intégrable, parce que le facteur dx est la différentielle de la quantité complexe qui est sous l'exposant, multipliée par une constante. En effet, soit

$$(a + bx) = y,$$

en différentiant, nous aurons

$$bdx = dy \quad \text{ou} \quad dx = \frac{dy}{b};$$

donc la formule à intégrer devient $\dfrac{y^m\, dy}{b}$, dont l'intégrale est $\dfrac{y^{m-1}}{(m+1)b}$; ou, en remettant pour y sa valeur $(a+bx)$, on aura

$$\int (a + bx)^m\, dx = \frac{(a + bx)^{m+1}}{(m + 1)b}.$$

85. Cette application de la règle peut s'étendre à tous les cas où l'exposant de la variable hors du binôme, augmenté d'une unité, se trouve divisible par l'exposant de la même variable dans le binôme, et donne pour quotient un nombre entier positif.

Soit, par exemple, proposé d'intégrer la quantité différentielle

$$(a + bx^2)^{\frac{1}{5}}\, x^3\, dx.$$

Je vois que l'exposant 3 de la variable hors du binôme étant augmenté d'une unité devient 4, qui est exactement divisible par l'exposant 2 de la variable dans le binôme, et que le quotient est un nombre entier positif. J'en conclus que la différentielle proposée est intégrable, et que, pour obtenir cette intégrale cherchée, il n'y a qu'à faire le binôme $a + bx^2$ égal à une nouvelle variable. En effet, si l'on suppose $a + bx^2 = y$, et que l'on fasse les opérations indiquées, on trouvera, abstraction faite de la constante,

$$\int (a+bx^2)^{\frac{4}{5}} x^3\,dx = \frac{1}{2\,b^2}(a+bx^2)^{\frac{4}{5}} + 1$$
$$\times \left[\frac{5}{14}(a+bx^2) - \frac{5}{9}a\right].$$

86. Lorsque les quantités différentielles à une seule variable ne sont pas comprises dans la règle que nous venons d'expliquer, ou dans les cas qui en dérivent, comme on vient de le voir, on tâche de les y ramener par diverses transformations. Lorsqu'on ne peut y réussir, on réduit les expressions proposées en séries, qui forment des suites infinies de monômes, et l'on intègre ainsi par approximation.

Soit maintenant proposé d'intégrer dz cos *z.*

Je dis que l'on aura

$$\int dz \cos z = \sin z + C,$$

C étant la constante qu'on doit ajouter à toute intégrale.

En effet, en différentiant sin $z+$ C, suivant la règle prescrite (65), on aura dz cos z; donc réciproquement l'intégrale de

$$dz \cos z \quad \text{est} \quad \sin z + C.$$

Pareillement on aura, en général,

$$\int dz \cos mz = \frac{1}{m}\sin mz + C.$$

Soit proposé d'intégrer dz sin *mz.* On aura

$$\int dz \sin mz = -\frac{1}{m}\cos mz + C,$$

car en différentiant cette équation (65), on retombe sur une équation identique.

Soit proposé d'intégrer dz sin z^n. Je remarque que dz cos z est la différentielle de sin z; donc cette intégration rentre dans la règle générale des monômes, qui donne

$$\frac{1}{n+1}\sin z^{n+1}.$$

87. Considérons maintenant les quantités différentielles qui renferment plusieurs variables.

Puisque pour différentier une fonction qui contient plusieurs variables, il faut différentier successivement, relativement à chacune d'elles, en regardant toutes les autres comme constantes; réciproquement, pour intégrer une fonction différentielle à plusieurs variables, il faut d'abord n'en considérer qu'une comme variable, intégrer par conséquent comme si toutes les autres étaient constantes et que leurs différentielles fussent o; l'intégrale ainsi trouvée, on la différentie, par rapport à toutes les variables, pour savoir si la différentielle ainsi trouvée est identique avec la proposée. Si elle l'est, l'intégrale est juste, et il n'y a plus qu'à y ajouter une constante; si elle ne l'est pas, en ôtant de la proposée celle qu'on a trouvée, il restera une quantité que l'on intégrera, pour la joindre avec ce qu'on a déjà.

88. Soit, par exemple, proposé d'intégrer la différentielle

$$3\,x^2 y\,dx + x^3\,dy + 5\,xy^4\,dy + y^5\,dx.$$

J'intègre en regardant x seule comme variable, et par conséquent comme si y était constante, et que dy fût égale à o; j'ai par ce moyen $x^3 y + y^5 x$. Cette quantité différentiée en faisant varier x et y me donne

$$3\,x^2 y\,dx + y^5\,dx + x^3\,dy + 5\,xy^4\,dy,$$

qui est la même chose que la proposée. J'en conclus que l'intégrale cherchée est réellement

$$x^3 y + y^4 x,$$

plus une constante.

Soit proposé d'intégrer

$$x^3\,dy + 3\,x^2 y\,dx + x^2\,dz + 2\,xz\,dx + x\,dx + y^2\,dy.$$

J'intègre en regardant x seule comme variable, et par conséquent dy et dz comme nulles. J'aurai

$$x^3 y + x^2 z + \frac{x^2}{2}.$$

Je différentie maintenant cette quantité en faisant varier x, y, z, et j'ai

$$3\,x^2y\,dx + x^3\,dy + 2\,xz\,dx + x^2\,dz + x\,dx.$$

Je retranche cette différentielle de la proposée et il me reste $y^2\,dy$. Je prends donc l'intégrale de cette dernière quantité, c'est $\dfrac{y^3}{3}$; que j'ajoute à ce que j'ai déjà trouvé, et j'ai pour l'intégrale complète

$$x^3y + x^2z + \frac{x^2}{2} + \frac{y^3}{3} + C,$$

laquelle étant différentiée, redonne, en effet, la quantité différentielle proposée.

89. Puisque les quantités différentielles sont elles-mêmes susceptibles de différentiation, les fonctions dans lesquelles il se trouve des différentielles secondes, troisièmes, etc., peuvent se trouver susceptibles d'intégration. Soit, par exemple, proposé d'intégrer la quantité différentielle du second ordre

$$dx^2 + x\,ddx + a\,ddx - dy^2,$$

dans laquelle dy soit considérée comme constante. En suivant ce qui vient d'être dit ci-dessus, c'est-à-dire en intégrant comme si ddx seule était variable, achevant l'opération et complétant l'intégrale par l'addition d'une constante $C\,dy$, du même ordre que les autres quantités de la formule, nous aurons

$$x\,dx + a\,dx - y\,dy + C\,dy,$$

quantité différentielle qui, intégrée de nouveau, donne

$$\tfrac{1}{2}x^2 + ax - \tfrac{1}{2}y^2 + Cy + C'.$$

Nous ne nous étendrons pas davantage sur les principes du calcul intégral; ce que nous venons de dire suffit à notre objet. Nous nous bornerons donc à un petit nombre d'applications, renvoyant pour le surplus de cette vaste science aux ouvrages des savants auteurs qui en ont traité *ex professo*.

90. *Soit proposé de trouver l'aire de la courbe dont l'équation est*

$$y = (x + a)^{\frac{1}{m}},$$

en supposant pour plus de simplicité les coordonnées rectangulaires.

Pour trouver l'aire d'une courbe, nous la considérons comme formée en croissant continuellement par l'addition successive des petits trapèzes mixtilignes, compris entre les ordonnées consécutives qui répondent aux accroissements infiniment petits de l'abscisse, de sorte que le dernier de ces petits trapèzes est la différentielle de l'aire cherchée, et celle-ci l'intégrale de cette différentielle.

Nommant donc Z l'aire cherchée, dZ sera la valeur du dernier petit trapèze mixtiligne.

Or, d'un autre côté, si nous négligeons le petit triangle mixtiligne compris entre l'arc de la courbe et les petites lignes dx, dy, lequel est visiblement infiniment petit à l'égard de ce trapèze, l'aire de celui-ci se réduira au rectangle qui a pour base y et pour hauteur dx, c'est-à-dire à ydx.

Donc, pour toute courbe, nous aurons l'équation imparfaite

$$dZ = ydx,$$

et par conséquent aussi

$$Z = \int ydx \ldots \text{(A)}$$

Mais dans le cas présent nous avons par hypothèse

$$y = (x + a)^{\frac{1}{m}};$$

substituant cette valeur de y dans l'équation (A), nous aurons la nouvelle équation imparfaite

$$dZ = (x + a)^{\frac{1}{m}} dx,$$

laquelle étant intégrée donne

$$Z = \frac{m}{m+1} (x + a)^{\frac{m+1}{m}} + C,$$

équation qui, étant dégagée de toute considération de l'infini, est rigoureusement exacte.

91. *Soit proposé de rectifier la courbe qui a pour équation*

$$y^3 = ax^2,$$

en supposant les coordonnées rectangulaires.

Pour rectifier une courbe, nous la considérons comme un polygone d'une infinité de côtés, et nous la supposons formée, en croissant continuellement par l'addition successive de ces petits côtés, à mesure que l'abscisse augmente elle-même; de sorte que le dernier de ces petits côtés est la différentielle de l'arc cherché, et celle-ci l'intégrale de cette différentielle.

Nommant donc s l'arc cherché, ds sera le dernier des petits côtés du polygone; et comme ce petit côté est l'hypoténuse du triangle qui a dx et dy pour ses autres côtés, on aura pour toute courbe l'équation imparfaite

$$ds = \sqrt{dx^2 + dy^2};$$

je dis équation imparfaite, parce qu'en considérant la courbe comme un polygone d'une infinité de côtés, on commet une erreur, mais cette erreur peut être supposée aussi petite qu'on le veut; donc on a aussi l'équation imparfaite

$$s = \int \sqrt{dx^2 + dy^2} \ldots \text{(A)}$$

Mais dans le cas présent, nous avons par hypothèse

$$y^3 = ax^2,$$

d'où l'on tire

$$x = \frac{y^{\frac{3}{2}}}{a^{\frac{1}{2}}},$$

et en différentiant,

$$dx = \frac{3 y^{\frac{1}{2}} dy}{2 a^{\frac{1}{2}}};$$

donc

$$dx^2 = \frac{9 y \, dy^2}{4 a}.$$

Substituant cette valeur de dx^2 dans la formule (A), nous aurons

$$s = \int dy \left(\frac{9y}{4a} + 1 \right)^{\frac{3}{2}};$$

exécutant l'opération indiquée et ajoutant une constante, on aura

$$s = \frac{8a}{27}\left(\frac{9y}{4a}+1\right)^{\frac{3}{2}} + C,$$

équation qui, étant dégagée de toute considération de l'infini, est rigoureusement exacte.

92. *Soit proposé de trouver le volume du paraboloïde formé par la rotation autour de son axe de la parabole ayant pour équation*

$$yy = px,$$

p exprimant le paramètre.

Pour trouver le volume d'un corps, nous le considérons comme formé en croissant continuellement par l'addition successive des tranches infiniment minces, comprises entre les sections perpendiculaires à l'axe, qui répondent aux accroissements infiniment petits consécutifs de l'abscisse; de sorte que la dernière de ces tranches est la différentielle du volume cherché, et celui-ci l'intégrale de cette différentielle.

Nommant donc V le volume cherché, dV sera la valeur de la dernière tranche.

Or, d'un autre côté, en négligeant les onglets compris entre la surface extérieure du corps proposé et le petit prisme qui a pour base la plus petite des bases de la tranche, lequel est évidemment infiniment petit à l'égard de cette tranche, celle-ci se réduira à cette plus petite base multipliée par sa hauteur dx. Donc en nommant k cette base, on a pour tous les corps cette équation imparfaite

$$dV = kdx,$$

et par conséquent

$$V = \int k dx \dots (A)$$

Cela posé, dans le cas présent il s'agit d'un solide de révolution, et k est un cercle qui a pour rayon y; donc en nommant ϖ le rapport de la circonférence au diamètre, on aura

$$k = \varpi y^2;$$

donc l'équation imparfaite (A) devient

$$V = \int \varpi y^2 dx; \dots (B)$$

mais par hypothèse nous avons $y^2 = px$, donc

$$V = \int \varpi px\, dx,$$

ou, en effectuant l'opération indiquée,

$$V = \tfrac{1}{3}\varpi px^2 + C,$$

ou

$$V = \tfrac{1}{3}\varpi y^2 x + C,$$

équation qui, étant entièrement dégagée de toute considération de l'infini, est parfaitement rigoureuse.

Pour déterminer C, il faut fixer le point d'où l'on veut partir
pour le volume cherché. Si l'on veut partir du sommet de
l'axe par exemple, on aura $x = 0$ et $V = 0$, donc alors $C = 0$
et la formule se réduira à

$$V = \tfrac{1}{3}\varpi y^2 . x,$$

c'est-à-dire que le volume cherché sera égal au produit de la
base ϖy^2, par la moitié $\frac{1}{3} x$ de la hauteur.

93. *Soit proposé de trouver le centre des moyennes distances
ou centre de gravité d'une pyramide.*

Pour avoir la distance du centre de gravité de plusieurs corps
à un plan donné, il faut multiplier la masse de chacun de ces
corps par sa distance au plan donné, et diviser le tout par la
somme des masses.

Cela posé, concevons du sommet de la pyramide au centre
des moyennes distances de sa base une ligne droite ; il est clair
que le centre cherché des moyennes distances de la pyramide
sera dans cette droite : il reste donc à savoir quelle est la
distance de ce centre à la base de cette pyramide, et c'est ce
que nous devons trouver d'après le principe établi ci-dessus.

Pour cela, je nomme H la hauteur de la pyramide, B sa base
et x la distance du sommet à l'une quelconque des coupes
faites parallèlement à cette base.

x venant à augmenter de dx, la petite tranche qui répondra
à cette augmentation sera la différentielle du volume de la pyramide.

Or, comme les sections parallèles à la base sont proportionnelles aux carrés des distances au sommet, la section correspondante à la hauteur x sera $\frac{B}{H^2}x^2$, et le volume de la tranche, en négligeant l'onglet comme infiniment petit relativement à cette tranche, sera par conséquent

$$\frac{B}{H^2}x^2dx\,;$$

donc son moment relativement à la base sera

$$\frac{B}{H^2}(H-x)x^2dx\,;$$

donc c'est la somme de ces moments ou l'intégrale de cette quantité différentielle qu'il faut diviser par le volume de la pyramide pour avoir la distance cherchée du centre des moyennes distances de la pyramide à la base; c'est-à-dire que si l'on nomme Y cette distance, on aura l'équation imparfaite

$$Y=\frac{\int \frac{B}{H^2}(H-x)\,x^2\,dx}{\int \frac{B}{H^2}x^2\,dx}\,,$$

ou, en exécutant les opérations indiquées et réduisant,

$$Y=\frac{\int \frac{B}{H^2}(\frac{1}{3}Hx^3-\frac{1}{4}x^4)+C}{\frac{B}{H^2}\cdot\frac{1}{3}x^3+C'}\,,$$

équation qui, ne contenant plus de quantités infinitésimales, est rigoureusement exacte.

Pour achever la solution, il faut déterminer les constantes C, C'; or, comme il s'agit de la pyramide entière, il faut d'abord supposer $x=0$, alors les deux intégrales deviennent aussi chacune o, on a donc $C=0$, $C'=0$: donc l'équation se réduit à

$$Y=\tfrac{1}{4}x\,;$$

et faisant $x=H$ on a pour la pyramide entière

$$Y=\tfrac{1}{4}H\,;$$

c'est-à-dire que le centre cherché des moyennes distances de la pyramide est sur la droite menée du sommet au centre des moyennes distances de la base, et au quart de cette ligne à partir de cette même base.

94. *Soit proposé de trouver l'équation de la courbe dont la sous-tangente est à l'abscisse dans un rapport donné, c'est-à-dire que* x *étant l'abscisse, la sous-tangente soit* mx *où* m *est supposée constante.*

L'expression générale de la sous-tangente dans une courbe quelconque dont les coordonnées sont x et y est $y\,\dfrac{dx}{dy}$, c'est-à-dire que $y\,\dfrac{dx}{dy}$ diffère infiniment peu de la sous-tangente. Nous avons donc dans le cas présent l'équation imparfaite

$$mx = y\,\frac{dx}{dy},$$

d'où je tire

$$\frac{dy}{y} = \frac{dx}{mx},$$

et en intégrant

$$\log y = \frac{1}{m}\log x + \log a,$$

a étant une constante.

Multipliant par m et réduisant, on aura

$$\log y^m = \log x + \log a^m,$$

ou

$$\log y^m = \log a^m x,$$

ou enfin

$$y^m = a^m x,$$

équation qui, étant dégagée de toute considération de l'infini, est rigoureusement exacte.

DU CALCUL DES VARIATIONS.

95. Le calcul des variations est l'une des plus brillantes conceptions de notre immortel Lagrange. L'objet principal de ce calcul est de résoudre d'une manière générale les fameuses

questions de *maximis* et *minimis* qui occupèrent si longtemps les premiers géomètres de l'Europe, peu après l'invention du calcul infinitésimal.

Euler avait déjà traité ces questions avec sa profondeur et sa clarté ordinaires, dans un ouvrage à part, intitulé : *Methodus inveniendi lineas curvas maximâ minimâve proprietate gaudentes.* Mais c'est à Lagrange qu'on doit l'algorithme qui a donné à cette belle théorie un caractère propre et une marche uniforme et simple autant que possible.

Dans les questions ordinaires de *maximis* et *minimis*, il s'agit de trouver des valeurs déterminées qu'on doit attribuer aux diverses variables qui entrent dans telle ou telle fonction finie proposée de ces mêmes variables, pour que cette fonction obtienne la plus grande ou la plus petite valeur possible.

Dans le calcul des variations, au contraire, ce sont les relations mêmes qui existent entre les variables qu'il s'agit de trouver, c'est-à-dire les équations qui doivent avoir lieu entre ces variables pour satisfaire à la condition du *maximum* ou du *minimum*. De plus, la fonction qui doit être un *maximum* ou *minimum* n'est pas, comme dans les questions ordinaires, uniquement composée de quantités finies, mais elle doit être l'intégrale seulement indiquée d'une fonction différentielle qui n'est pas susceptible d'intégration.

96. Qu'il soit question, par exemple, de tracer sur un plan, *fig.* 9, entre deux points A, D, une courbe telle, que AK étant l'axe et DK l'ordonnée menée du point D perpendiculairement à cet axe, l'aire comprise entre la courbe et les coordonnées AK, DK soit un *maximum* parmi toutes les courbes de même longueur.

Quoique ce problème appartienne à la théorie générale des *maximis* et *minimis,* on voit cependant qu'il est d'une nature bien différente de ceux dont nous avons parlé (73), car il ne s'agit point ici de trouver les valeurs déterminées AK, DK de x et y qui satisfassent à la question proposée, puisque ces valeurs sont déjà données ; mais il s'agit de trouver la nature même de cette courbe, c'est-à-dire l'équation générale qui doit avoir lieu pour tous ses points entre les coordonnées.

6

L'aire comprise entre cette courbe, quelle qu'elle puisse être, et les coordonnées extrêmes AK, DK est $\int y\,dx$: c'est donc cette intégrale simplement indiquée qui doit être un *maximum*. Ainsi dans cette espèce de questions, c'est, comme nous l'avons dit ci-dessus, l'intégrale d'une certaine quantité différentielle non intégrable, qui doit être un *minimum*, et il s'agit de trouver la relation qui doit exister entre les variables pour satisfaire à cette condition.

97. Cependant le principe général est toujours le même que pour les questions ordinaires des *maximis* et *minimis;* c'est-à-dire que quand la quantité qui doit devenir un *maximum*, par exemple, est parvenue à ce terme, elle ne peut plus augmenter. En approchant de ce terme, elle augmente de moins en moins jusqu'à ce qu'elle l'ait atteint; alors elle devient comme stationnaire, pour commencer ensuite insensiblement à diminuer : de sorte qu'à cet état de *maximum*, la quantité peut être considérée comme constante ou ayant pour différentielle o, quoique celles des quantités variables dont elle est fonction ne le soient pas. Donc si la forme de la courbe venait à varier infiniment peu pour devenir AM′N′D, et qu'on désignât les nouvelles coordonnées par x', y', l'aire $\int y'\,dx'$ pourrait être considérée comme égale à $\int y\,dx$; ou, ce qui revient au même, l'accroissement que prend $\int y\,dx$ pour devenir $\int y'\,dx'$ doit être supposé égal à o, lorsque la relation de x à y est celle qui convient au *maximum* cherché. Or c'est cet accroissement qu'on nomme la *variation* de $\int y\,dx$, comme on va le dire.

98. Soit donc AM′N′R′D une courbe quelconque infiniment peu différente de la première : si l'on considère cette nouvelle courbe comme la courbe même AMNRD, qui subit une transformation infiniment petite, nous pourrons regarder chaque point M′ de la transformée comme un point M de l'autre qui a passé de M en M′, de sorte que chacun des points de la nouvelle courbe a son correspondant dans la première. Cela posé, l'accroissement que reçoit dans ce changement chacune des quantités qui entrent dans le système, lorsqu'il passe de son premier état au second, se nomme *variation* de cette quantité. Ainsi, par exemple, la variation MP est M′P′ — MP, celle NQ est N'Q' — NQ, celle de la courbe entière est

$$AM'N'R'D - AMNRD,$$

celle de sa surface est

$$AM'N'R'DKA - AMNRDKA,$$

ainsi des autres.

99. Quoique la variation d'une quantité soit la différence de deux valeurs infiniment peu différentes de la même quantité, il ne faut pas la confondre avec sa différentielle ; car celle-ci est la différence de deux valeurs consécutives prises sur la même courbe, au lieu que la variation est la différence des deux valeurs prises d'une courbe à l'autre : ainsi, par exemple, la différentielle de l'abscisse est AQ — AP, tandis que sa variation est AP' — AP ; la différentielle de l'ordonnée est NQ — MP, tandis que sa variation est M'P' — MP, etc.

Pour ne pas confondre ces deux espèces de différences, on désigne la nouvelle espèce, c'est-à-dire la variation, par la caractéristique δ, tandis que la différentielle a pour caractéristique d. Ainsi PQ $= dx$, tandis que PP' $= \delta x$, NQ — MP $= dy$, tandis que M'P' — MP $= \delta y$, etc.

Lorsqu'on passe du point M au point N sur la première courbe, on passe du point M' au point N' sur la seconde : ainsi PQ étant la différentielle de x, c'est-à-dire la quantité dont x augmente lorsqu'on passe de M à N, P'Q' sera la différentielle de AP', c'est-à-dire la quantité dont AP' ou $x + \delta x$ augmente en même temps. De même N'Q' — M'P' est la différentielle de M'P' ou de $y + \delta y$.

100. Les variations ne sont, ainsi que les différentielles, introduites dans le calcul que comme de simples auxiliaires, pour aider à découvrir la relation qui doit réellement exister entre les coordonnées de la première courbe. Il faudra donc s'attacher à éliminer toutes ces variations après les avoir introduites, afin qu'il ne reste plus que la relation cherchée entre les coordonnées ; ou, si l'on veut, entre ces coordonnées d'abord et leurs différentielles, et ensuite, par voie d'intégration ou autrement, entre les seules ordonnées et les constantes qui composent le système des quantités désignées.

6.

101. Nous avons déjà remarqué que les combinaisons de l'analyse en général sont fondées sur les divers degrés d'indétermination dont jouissent les quantités mêlées ensemble dans un même calcul. On en a ici un nouvel exemple. Car les variations sont des quantités encore plus indéterminées que les différentielles, déjà elles-mêmes, comme on l'a vu, plus indéterminées que les simples variables.

En effet, lorsque l'on conçoit que la nature d'une courbe vient à changer infiniment peu, on regarde toujours la première courbe comme un terme fixe auquel on la rapporte dans ses divers états successifs. Les petits changements opérés s'expriment par le moyen des variations que subissent les coordonnées et autres quantités du système, et ces variations peuvent être supposées aussi petites qu'on le veut, sans rien changer au système désigné, tandis que celui qui est donné par les variations est un système auxiliaire qui s'approche continuellement du premier, jusqu'à en différer aussi peu qu'on le veut.

Les différentielles sont assujetties à la loi prescrite par la relation des coordonnées, au lieu que la loi qui lie les variations à ces coordonnées est arbitraire, d'où il suit que, quoique les unes et les autres soient de simples auxiliaires, ces dernières sont plus indéterminées que les premières, puisqu'elles pourraient changer encore, quand même on regarderait celles-ci comme fixes.

102. Si l'on suppose que x soit l'une des variables, et x' la quantité infiniment peu différente qui lui correspond dans le nouveau système, $(x'-x)$ sera la quantité infiniment petite dont x aura augmenté pour devenir x', et par conséquent ce que nous avons appelé la variation de x ou δx. Il est donc évident que pour trouver la variation d'une fonction quelconque de x, il n'y aura qu'à y substituer $(x+\delta x)$, au lieu de x, puis en retrancher la première fonction : procédé qui, étant absolument le même que celui de la différentiation, montre qu'il n'y a de différence entre la variation et la différentielle que dans la caractéristique, qui est δ pour la première, et d pour la seconde.

103. Les règles étant entièrement les mêmes pour les deux calculs, sauf les caractéristiques, il est clair que la variation de

dx est δdx, et que réciproquement la différentielle de δx est $d\delta x$. Mais avec un peu d'attention nous reconnaîtrons facilement que ces deux quantités δdx et $d\delta x$ sont les mêmes et ne diffèrent que par leurs formes, c'est-à-dire qu'on a nécessairement

$$\delta dx = d\delta x.$$

En effet, nous avons quatre systèmes de quantités à comparer, savoir: 1° le système qui répond au point M; 2° le système qui répond au point N et auquel on passe du premier par différentiation; 3° le système qui répond au point M′ et auquel on passe du premier par variation; 4° le système qui répond au point N′ et auquel on passe, soit du second répondant au point N par variation, soit du troisième répondant au point M′ par différentiation.

Or la valeur de la variable qui répond au premier de ces quatre systèmes, c'est-à-dire au système désigné, est x par hypothèse; celle qui répond au second est $(x + dx)$; celle qui répond au troisième est $(x + \delta x)$, et enfin celle qui répond au quatrième est, suivant la route qu'on prend pour y parvenir, ou

$$(x + dx) + \delta(x + dx),$$

ou

$$(x + \delta x) + d(x + \delta x).$$

Ces deux dernières quantités expriment donc la même chose, savoir, la valeur de la variable x dans le quatrième système; ces deux quantités sont donc égales, c'est-à-dire qu'on a

$$(x + dx) + \delta(x + dx) = (x + \delta x) + d(x + \delta x);$$

exécutant les opérations indiquées, on aura

$$x + dx + \delta x + \delta dx = x + \delta x + dx + d\delta x,$$

et réduisant

$$\delta dx = d\delta x.$$

C'est-à-dire que, *la variation de la différentielle d'une quantité quelconque est toujours égale à la différentielle de la variation:* proposition qui est l'un des principes fondamentaux du calcul des variations.

104. Un autre principe qui dérive du premier, et qui est également fondamental, est que *la variation de l'intégrale d'une quantité quelconque différentielle est égale à l'intégrale de la variation;* c'est-à-dire qu'en général

$$\delta \int P = \int \delta P,$$

P exprimant une fonction quelconque différentielle de diverses variables, telles que x, y, z, etc., et de leurs différentielles.

En effet, soit

$$\int P = U;$$

en différentiant on aura

$$P = dU,$$

et prenant les variations,

$$\delta P = \delta dU,$$

ou, d'après le principe établi ci-dessus,

$$\delta P = d\delta U;$$

intégrant alors on aura

$$\int \delta P = \delta U,$$

ou, remettant pour U sa valeur,

$$\int \delta P = \delta \int P.$$

105. Maintenant soit proposé de trouver la variation d'une formule intégrale indéfinie $\int V dx$; c'est-à-dire de trouver $\delta \int V dx$, ou plutôt de donner à cette expression une forme qui la dispose à être dégagée du signe auxiliaire δ, lequel est toujours celui qu'on doit tendre à faire disparaître le premier.

D'après le second principe fondamental, nous aurons

$$\delta \int V dx = \int \delta (V dx) = \int dx \, \delta V + \int V \delta dx,$$

ou, par le premier principe,

$$\delta \int V dx = \int dx \, \delta V + \int V d\delta x; \dots (A)$$

mais

$$d(V\delta x) = dV \delta x + V d\delta x,$$

ou, en intégrant et transposant,

$$\int V d\delta x = V \delta x - \int dV \delta x.$$

Substituant cette valeur de $\int V d\delta x$ dans l'équation (A), elle deviendra

$$\delta \int V dx = V \delta x + \int dx \delta V - \int dV \delta x,$$

ou

$$\delta \int V dx = V \delta x + \int (dx \delta V - dV \delta x), \ldots (B)$$

équation que, suivant la nature de la fonction V, on achèvera de dégager du signe δ de la variation, ce qui ramènera le problème aux procédés ordinaires des calculs différentiel et inté-

CHAPITRE III.

DES MÉTHODES PAR LESQUELLES ON PEUT SUPPLÉER A L'ANALYSE INFINITÉSIMALE.

106. Il est plusieurs manières de résoudre les questions qui sont du ressort de l'analyse infinitésimale; et quoiqu'il n'y en ait aucune qui paraisse réunir les mêmes avantages, il n'en est pas moins intéressant de connaître quels sont les différents points de vue sous lesquels les principes de cette théorie peuvent être envisagés; c'est pourquoi je me propose ici de jeter un coup d'œil sur les diverses méthodes qui s'y rapportent, et qui même pourraient la suppléer.

DE LA MÉTHODE D'EXHAUSTION.

107. La méthode d'exhaustion était celle dont se servaient les anciens dans leurs recherches difficiles, et particulièrement dans la théorie des lignes et surfaces courbes, et dans l'évaluation des aires et des volumes qu'elles renferment. Comme ils n'admettaient que des démonstrations parfaitement rigoureuses, ils ne croyaient pas pouvoir se permettre de considérer les courbes comme des polygones d'un grand nombre de côtés; mais lorsqu'ils voulaient découvrir les propriétés de l'une d'entre elles, ils la regardaient comme le terme fixe dont les polygones inscrits et circonscrits approchent continuellement et autant qu'on le veut, à mesure qu'on augmente le nombre de leurs côtés. Par là ils épuisaient en quelque sorte l'espace compris entre ces polygones et la courbe, ce qui, sans doute, a fait donner à cette marche le nom de *méthode d'exhaustion.*

Comme ces polygones terminés par des lignes droites étaient des figures connues, leur rapprochement continuel de la courbe donnait de celle-ci une idée de plus en plus précise, et la loi de continuité servant de guide, on pouvait enfin parvenir à la connaissance exacte de ses propriétés.

Mais il ne suffisait pas aux géomètres d'avoir reconnu et comme deviné ces propriétés, il fallait les vérifier d'une manière incontestable, et c'est ce qu'ils faisaient en prouvant que toute supposition contraire à l'existence de ces mêmes propriétés conduisait nécessairement à quelque contradiction; c'est pourquoi ils nommaient ce genre de démonstrations *réduction à l'absurde.*

108. C'est ainsi qu'ayant d'abord établi que les aires des polygones semblables sont entre elles comme les carrés de leurs lignes homologues, ils en ont conclu que les cercles des différents rayons sont entre eux comme les carrés de ces rayons : ce qui est la seconde proposition du douzième livre d'Euclide. L'analogie les a conduits à cette conclusion, en imaginant dans ces cercles des polygones réguliers inscrits d'un même nombre de côtés. Car, comme, en augmentant tant qu'on veut le nombre de ces côtés, leurs aires demeurent toujours entre elles comme les carrés des rayons des cercles circonscrits, ils ont facilement aperçu que la même chose devait nécessairement avoir lieu pour les cercles mêmes dont ces polygones approchent de plus en plus, jusqu'à en différer aussi peu qu'on le veut; mais cela ne suffisait pas: il fallait démontrer rigoureusement que la chose était réellement ainsi, et c'est ce qu'ils ont fait, en montrant que toute supposition contraire fait nécessairement tomber dans une absurdité.

Les anciens ont démontré de la même manière que les volumes des sphères sont entre eux comme les cubes de leurs diamètres; que les pyramides de même hauteur sont comme leurs bases; que le cône est le tiers d'un cylindre de même base et de même hauteur.

Souvent, pour mieux discuter leur objet, les anciens faisaient intervenir tout à la fois, comme auxiliaires, les polygones inscrits et les polygones circonscrits, qu'ils comparaient les uns aux autres. Par là ils resserraient de plus en plus la courbe comprise entre ces figures rectilignes, et saisissaient plus facilement les propriétés de cette grandeur moyenne.

109. Ils en usaient de même à l'égard des surfaces courbes et des volumes des corps. Ils les imaginaient tout à la fois inscrits et circonscrits à d'autres surfaces, dont ils augmentaient graduellement le nombre des côtés et des zones, de manière à resserrer de plus en plus entre les unes et les autres la surface proposée. La loi de continuité leur indiquait encore les propriétés de cette figure moyenne, et ils les vérifiaient par la réduction à l'absurde, en s'assurant par une démonstration rigoureuse que toute supposition contraire menait infailliblement à quelque contradiction.

C'est de cette manière qu'Archimède a démontré que la surface convexe d'un cône droit est égale à l'aire du cercle qui a pour rayon la moyenne proportionnelle entre le côté du cône et le rayon du cercle de la base; que l'aire totale de la sphère est quadruple d'un de ses grands cercles, et que celle d'une quelconque de ses zones est égale à la circonférence du grand cercle, multipliée par la hauteur de cette zone.

C'était encore par la réduction à l'absurde que les anciens étendaient aux quantités incommensurables les rapports qu'ils avaient découverts entre les quantités commensurables. Cette doctrine est certainement très-belle et très-précieuse; elle porte avec elle le caractère de la plus parfaite évidence, et ne permet pas qu'on perde son objet de vue : c'était la méthode d'invention des anciens; elle est encore très-utile aujourd'hui, parce qu'elle exerce le jugement, qu'elle accoutume à la rigueur des démonstrations et qu'elle renferme le germe de l'analyse infinitésimale. Il est vrai qu'elle exige quelque contention d'esprit; mais la méditation n'est-elle pas indispensable à tous ceux qui veulent pénétrer dans la connaissance des lois de la nature, et n'est-il pas nécessaire d'en contracter l'habitude de bonne heure, pourvu qu'on n'y sacrifie pas un temps trop considérable?

110. En observant avec attention les procédés de cette méthode d'exhaustion, on voit qu'ils se réduisent toujours à faire intervenir des quantités auxiliaires dans la recherche des propriétés ou des relations de celles qui sont proposées; celles-ci sont considérées comme les termes extrêmes dont les premières sont supposées s'approcher continuellement, et la loi

de continuité qu'elles suivent dans ce rapprochement indique les modifications par lesquelles on peut passer des propriétés connues de ces auxiliaires aux propriétés jusqu'alors inconnues des quantités proposées.

C'est ainsi qu'on applique la méthode d'exhaustion à la recherche des propriétés des courbes, au moyen des polygones inscrits et circonscrits, qui sont des systèmes auxiliaires de quantités connues, lesquels se rapprochant graduellement de la courbe proposée, font connaître par la loi de continuité qu'elles observent dans ce rapprochement, et par leur analogie qui devient de plus en plus intime avec cette courbe, les affections et propriétés de cette dernière.

111. La méthode d'exhaustion a donc essentiellement le même but et suit dans sa marche les mêmes principes que l'analyse infinitésimale. C'est toujours le même système auxiliaire de quantités connues, lié d'une part à celui que l'on cherche à connaître, tandis que, d'une autre part, il reste à ce système assez d'arbitraire pour qu'on puisse à volonté le rapprocher par degrés du système proposé; ce qui fait connaître par induction les relations cherchées. Il ne reste plus alors qu'à constater la certitude de ces relations, et c'est ce qu'on obtient par la réduction à l'absurde.

112. Newton fit faire à cette doctrine un grand pas vers la perfection au moyen de sa théorie des premières et dernières raisons, qui sont précisément celles que fait connaître la loi de continuité dans le rapprochement graduel du système auxiliaire avec le système désigné. Par cette nouvelle théorie, il étendit les principes de la méthode d'exhaustion et simplifia ses procédés, en la débarrassant de la nécessité qu'elle s'était imposée de constater toujours par la réduction à l'absurde l'exactitude des relations qu'elle parvient à découvrir, et en prouvant que ces relations sont suffisamment établies par le mode même employé pour les obtenir. C'est ce qu'annonce en effet Newton en terminant l'exposé de cette théorie : « J'ai » commencé, dit-il, par ces lemmes, pour éviter de déduire de » longues démonstrations par l'absurde, selon la méthode des » anciens géomètres. »

Ce grand homme fit faire dans la suite un second pas bien plus considérable encore à cette doctrine, en réduisant sa méthode des premières et dernières raisons elle-même en un algorithme régulier par son calcul des fluxions. Au moyen de ce calcul, il introduisit dans l'analyse algébrique, non pas seulement ces premières et dernières raisons, mais encore leurs termes séparément pris, c'est-à-dire isolément le numérateur et le dénominateur de la fraction qui représente chacune d'elles; modification de la plus haute importance, à cause des nouveaux moyens de transformation qu'elle fournit. C'est sur quoi nous reviendrons plus loin; mais Newton n'eut pas seul cette gloire, il la partagea avec Leibnitz, qui même eut l'avantage de publier son algorithme le premier, et qui, ayant été puissamment secondé par d'autres géomètres célèbres qui embrassèrent aussitôt sa méthode, lui fit faire avec eux des progrès plus rapides que ne put en faire, dans le même temps, le calcul des fluxions.

DE LA MÉTHODE DES INDIVISIBLES.

113. Cavalerius fut le précurseur des savants auxquels nous devons l'analyse infinitésimale; il leur ouvrit la carrière par sa *Géométrie des indivisibles*.

Dans la méthode des indivisibles, on considère les lignes comme composées de points, les surfaces comme composées de lignes, les volumes comme composés de surfaces.

Ces hypothèses sont absurdes certainement, et l'on ne doit les employer qu'avec circonspection; mais il faut les regarder comme des moyens d'abréviation, au moyen desquels on obtient promptement et facilement, dans beaucoup de cas, ce qu'on ne pourrait découvrir que par des procédés longs et pénibles en suivant strictement la méthode d'exhaustion. S'agit-il, par exemple, de montrer que deux pyramides de même base et de même hauteur sont aussi de mêmes volumes, on les regarde comme composées l'une et l'autre d'une infinité de surfaces planes également distantes, qui en sont les éléments. Or, comme ces éléments sont égaux chacun à chacun, et que leur nombre est le même de part et d'autre, on en conclut que les volumes des pyramides, qui sont les sommes respectives de ces éléments, sont égaux entre eux.

114. Soit AB (*fig.* 10) le diamètre d'un demi-cercle AGB; soient ABFD le rectangle circonscrit, CG le rayon perpendiculaire à DF; soient de plus menées les deux diagonales CD, CF, et enfin par un point quelconque *m* de la droite AD, soit menée la droite *mnpg* perpendiculaire à CG, laquelle coupera la circonférence au point *n*, et la diagonale CD au point *p*.

Concevons que toute la figure tourne autour de CG comme axe, le quart de cercle ACG engendrera le volume de la sphère dont le diamètre est AB, le rectangle ADCG engendrera le cylindre droit circonscrit, c'est-à-dire ayant même diamètre; le triangle isocèle rectangle CGD engendrera un cône droit ayant les lignes égales CG, DG, pour hauteur et pour rayon de sa base; et enfin les trois droites ou segments de droite *mg, ng, pg,* engendreront chacune un cercle dont le centre sera au point *g*.

Or le premier de ces trois cercles est l'élément du cylindre, le second est l'élément de la demi-sphère et le troisième du cône.

De plus, les aires de ces cercles étant comme les carrés de leurs rayons, et ces trois rayons pouvant visiblement former l'hypoténuse et les deux petits côtés d'un triangle rectangle, il est clair que le premier de ces cercles est égal à la somme des deux autres, c'est-à-dire que l'élément du cylindre est égal à la somme des éléments correspondants de la demi-sphère et du cône, et, comme il en est de même de tous les autres éléments, il s'ensuit que le volume total du cylindre est égal à la somme du volume total de la demi-sphère et du volume total du cône.

Mais on sait d'ailleurs que le volume du cône est le tiers de celui du cylindre; donc celui de la sphère en est les deux tiers; donc le volume de la sphère entière est les deux tiers du volume du cylindre circonscrit, ainsi que l'a découvert Archimède.

115. Cavalerius avertit bien positivement que sa méthode n'est autre chose qu'un corollaire de la méthode d'exhaustion, mais il avoue qu'il ne saurait en donner une démonstration rigoureuse. Les grands géomètres qui le suivirent en saisirent bientôt l'esprit; elle fut en grande vogue parmi eux, jusqu'à la découverte des nouveaux calculs, et ils ne tinrent pas plus de compte des objections qui s'élevèrent contre elle alors, que les Bernoulli n'en ont tenu de celles qui se sont élevées depuis contre l'analyse infinitésimale. C'est à cette méthode des indivisibles que Pascal et Roberval durent le succès de leurs profondes recherches sur la cycloïde, et voici comment le premier de ces auteurs fameux s'exprime à ce sujet.

« J'ai voulu faire cet avertissement pour montrer que tout
» ce qui est démontré par les véritables règles des indivisibles
» se démontrera aussi à la rigueur et à la manière des anciens,
» et qu'ainsi l'une de ces méthodes ne diffère de l'autre qu'en
» la manière de parler, ce qui ne peut blesser les personnes
» raisonnables quand on les a une fois averties de ce qu'on
» entend par là. Et c'est pourquoi je ne ferai aucune difficulté
» dans la suite d'user de ce langage des indivisibles, *la somme*
» *des lignes* ou *la somme des plans*; je ne ferai aucune diffi-
» culté d'user de cette expression, *la somme des ordonnées,*
» ce qui semble ne pas être géométrique à ceux qui n'enten-
» dent pas la doctrine des indivisibles et qui s'imaginent que
» c'est pécher contre la géométrie que d'exprimer un plan par
» un nombre indéfini de lignes; ce qui ne vient que de leur
» manque d'intelligence, puisqu'on n'entend autre chose par
» là, sinon la somme d'un nombre indéfini de rectangles faits
» de chaque ordonnée avec chacune des petites portions égales
» du diamètre dont la somme est certainement un plan. De
» sorte que quand on parle de *la somme d'une multitude indé-*
» *finie de lignes*, on a toujours égard à une certaine droite par
» les portions égales et indéfinies de laquelle elles soient mul-
» tipliées.

» En voilà certainement plus qu'il n'était nécessaire pour
» faire entendre que le sens de ces sortes d'expressions, *la*
» *somme des lignes, la somme des plans,* etc., n'a rien que de
» très-conforme à la pure géométrie. »

116. Ce passage est remarquable, non-seulement en ce qu'il prouve que les géomètres savaient très-bien apprécier le mé-

rite de la méthode des indivisibles, mais encore en ce qu'il prouve que la notion de l'infini mathématique, dans le sens même qu'on lui attribue aujourd'hui, n'était point étrangère à ces géomètres ; car il est clair par ce qu'on vient de citer de Pascal, qu'il attachait au mot *indéfini* la même signification que nous attachons au mot *infini*, qu'il appelait simplement *petit* ce que nous appelons *infiniment petit*, et qu'il négligeait sans scrupule ces petites quantités vis-à-vis des quantités finies : car on voit que Pascal regardait comme de simples rectangles les trapèzes ou petites portions de l'aire de la courbe comprises entre deux ordonnées consécutives, négligeant par conséquent les petits triangles mixtilignes qui ont pour bases les différences de ces ordonnées. Cependant personne n'a tenté de reprocher à Pascal son défaut de sévérité.

Roberval emploie continuellement les expressions même d'*infini* et d'*infiniment petit*, dans le sens qu'on leur donne aujourd'hui, et il dit formellement qu'on doit négliger les quantités infiniment petites vis-à-vis des quantités finies, et celles-ci vis-à-vis des quantités infinies.

On savait donc dès ce temps-là que la méthode des indivisibles et toutes celles du même genre qu'on pourrait imaginer n'étaient autre chose que des formules d'abréviation, très-utiles pour éluder les longueurs de la méthode d'exhaustion, sans nuire en aucune manière à l'exactitude de ses résultats.

Les géomètres qui sont venus ensuite en usaient de même depuis longtemps, lorsque les calculs différentiel et intégral furent imaginés. Il n'est donc pas étonnant que Leibnitz ne se soit pas attaché à démontrer rigoureusement un principe qui était généralement reconnu comme un axiome. Les objections ne se sont élevées contre ce principe que quand il a été réduit en algorithme, comme si l'on avait regretté que les routes scientifiques jusqu'alors si difficiles à parcourir eussent été tout d'un coup aplanies et rendues accessibles à tout le monde. Je termine ces observations par un ou deux exemples.

117. L'algèbre ordinaire enseigne à trouver la somme d'une suite quelconque de termes pris dans la série des nombres naturels; la somme de leurs carrés, celle de leurs cubes, etc., et cette connaisance fournit à la géométrie des indivisibles le

moyen d'évaluer l'aire d'un grand nombre de figures recti-lignes et curvilignes et les volumes d'un grand nombre de corps.

Soit par exemple un triangle : abaissons de son sommet sur la base une perpendiculaire, partageons cette perpendiculaire en une infinité de parties égales, et menons par chacun des points de division une droite parallèle à la base, et qui soit terminée par les deux autres côtés du triangle.

Suivant les principes de la géométrie des indivisibles, nous pouvons considérer l'aire du triangle comme la somme de toutes les parallèles qui en sont regardées comme les élé-ments : or, par la propriété du triangle, ces droites sont pro-portionnelles à leurs distances du sommet; donc la hauteur étant supposée divisée en parties égales, ces parallèles crois-sent en progression arithmétique ou par différence, dont le premier terme est zéro.

Mais, dans toute progression par différence dont le premier terme est zéro, la somme de tous les termes est égale au der-nier multiplié par la moitié du nombre de ces termes. Or, ici, la somme des termes est représentée par l'aire du triangle, le dernier terme par la base, et le nombre des termes par la hau-teur. Donc l'aire de tout triangle est égale au produit de sa base par la moitié de sa hauteur.

118. Soit une pyramide : abaissons une perpendiculaire de son sommet sur la base, partageons cette perpendiculaire en une infinité de parties égales, et par chaque point de division faisons passer un plan parallèle à la base de cette pyramide.

Suivant les principes de la géométrie des indivisibles, l'in-tersection de chacun de ces plans par le volume de la pyra-mide sera un des éléments de ce volume, et celui-ci ne sera autre chose que la somme de tous ces éléments.

Mais, par les propriétés de la pyramide, ces éléments sont entre eux comme les carrés de leurs distances au sommet. Nommant donc B la base de la pyramide, H sa hauteur, b l'un quelconque des éléments dont nous venons de parler, h sa dis-tance au sommet et V le volume de la pyramide, on aura

$$B : b :: H^2 : h^2;$$

donc

$$b = \frac{B}{H^2}\, h^2.$$

Donc V, qui est la somme de tous ces éléments, est égale à la constante $\frac{B}{H^2}$ multipliée par la somme des carrés h^2; et puisque les distances h croissent en progression par différence dont le premier terme est zéro et le dernier H, c'est-à-dire comme les nombres naturels depuis o jusqu'à H, les quantités h^2 représenteront leurs carrés depuis o jusqu'à H^2.

Or l'algèbre ordinaire nous apprend que la somme des carrés des nombres naturels depuis o jusqu'à H^2 inclusivement est

$$\frac{2\,H^3 + 3\,H^2 + H}{6}.$$

Mais ici le nombre H étant infini, tous les termes qui suivent le premier dans le numérateur disparaissent vis-à-vis de ce premier terme : donc cette somme des carrés se réduit à $\frac{1}{3}H^3$.

Multipliant donc cette valeur par la constante $\frac{B}{H^2}$ trouvée ci-dessus, on aura pour le volume cherché

$$V = \tfrac{1}{3}BH,$$

c'est-à-dire que le volume de la pyramide est le tiers du produit de sa base par sa hauteur.

On prouve par une marche semblable qu'en général l'aire de toute courbe qui a pour équation

$$ay^m = x^n,$$

est $\frac{m}{m+n}.XY$; Y représentant la dernière ordonnée, X l'abscisse qui lui répond, m, n, des exposants quelconques, entiers, fractionnaires, positifs ou négatifs.

Ainsi, la méthode des indivisibles supplée à certains égards au calcul intégral; on peut la regarder comme répondant à l'intégration des monômes, ce qui était certainement une grande découverte du temps de Cavalerius.

119. Il me semble que Descartes, par sa méthode des indéterminées, touchait de bien près à l'analyse infinitésimale, ou
plutôt il me semble que l'analyse infinitésimale n'est autre
chose qu'une heureuse application de la méthode des indéterminées.

Le principe fondamental de la méthode des indéterminées,
ou des coefficients indéterminés, consiste en ce que si l'on a
une équation de cette forme

$$A + Bx + Cx^2 + Dx^3 + \text{etc.} = 0,$$

dans laquelle les coefficients A, B, C, etc., soient des constantes, et x une quantité variable qui puisse être supposée
aussi petite qu'on le veut; il faut nécessairement que chacun
de ces coefficients pris séparément soit égal à zéro; c'est-à-
dire qu'on aura toujours

$$A = 0, \quad B = 0, \quad C = 0, \text{etc.},$$

quel que soit d'ailleurs le nombre des termes de cette équation.

En effet, puisqu'on peut supposer x aussi petite qu'on le
veut, on pourra aussi rendre aussi petite qu'on le voudra la
somme de tous les termes qui ont x pour facteur, c'est-à-dire
la somme de tous les termes qui suivent le premier. Donc ce
premier terme A diffère aussi peu qu'on le veut de 0; mais A,
étant une constante, ne peut différer aussi peu qu'on le veut
de 0, puisqu'alors elle serait variable : donc elle ne peut être
que 0 : donc on a déjà $A = 0$; il reste donc

$$Bx + Cx^2 + Dx^3 + \text{etc.} = 0.$$

Je divise tout par x, et j'ai

$$B + Cx + Dx^2 + \text{etc.} = 0,$$

d'où l'on tire $B = 0$, par la même raison qu'on a donnée pour
prouver qu'on avait $A = 0$. Le même raisonnement prouvera
qu'on a pareillement

$$C = 0, \quad D = 0, \text{etc.}$$

120. Cela posé, soit une équation à deux termes seulement

$$A + Bx = 0,$$

dans laquelle le premier terme soit constant et le second susceptible d'être rendu aussi petit qu'on le veut : cette équation ne pourra subsister d'après ce qui vient d'être dit, à moins que les termes A et Bx ne soient chacun en particulier égal à zéro. Donc nous pouvons établir en principe général et comme corollaire immédiat de la méthode des indéterminées que, *si la somme ou la différence de deux prétendues quantités est égale à zéro, et que l'une des deux puisse être supposée aussi petite qu'on le veut, tandis que l'autre ne renferme aucune arbitraire, ces deux prétendues quantités seront chacune en particulier égales à zéro.*

121. Ce principe suffit seul pour résoudre par l'algèbre ordinaire toutes les questions qui sont du ressort de l'analyse infinitésimale. Les procédés respectifs de l'une et l'autre méthode, simplifiés comme ils doivent l'être, sont absolument les mêmes ; toute la différence est dans la manière d'envisager la question : les quantités que l'on *néglige* dans l'une comme infiniment petites, on les *sous-entend* dans l'autre, quoique considérées comme finies, parce qu'il est démontré qu'elles doivent s'éliminer d'elles-mêmes, c'est-à-dire se détruire les unes par les autres dans le résultat du calcul.

En effet, il est aisé de s'apercevoir que ce résultat ne peut être qu'une équation à deux termes dont chacun en particulier est égal à zéro : on peut donc sous-entendre d'avance dans le cours du calcul tous les termes qui se rapportent à celle de ces deux équations dont on ne veut pas faire usage. Appliquons cette théorie des indéterminées à quelques exemples.

122. Reprenons celui que nous avons déjà traité (9). Nous avons trouvé (*fig.* 1)

$$TP + T'T = y\frac{MZ}{RZ} \quad \text{et} \quad \frac{MZ}{RZ} = \frac{2y + RZ}{2a - 2x - MZ},$$

équations parfaitement exactes l'une et l'autre, quelles que soient les valeurs de MZ et de RZ ; tirant donc de la première de ces équations la valeur de $\dfrac{MZ}{RZ}$, et la substituant dans la seconde, j'ai

$$\frac{TP + TT}{y} = \frac{2y + RZ}{2a - 2x - MZ},$$

équation exacte et qui doit avoir lieu, quelle que soit la distance qu'on voudra mettre entre les lignes RS et MP.

Or il est aisé de voir que je puis mettre cette équation sous la forme suivante :

$$\left(\frac{TP}{y} - \frac{y}{a-x} \right) + \left[\frac{T'T}{y} - \frac{yMZ + aRZ - xRZ}{(a-x)(2a - 2x - MZ)} \right] = 0,$$

dans laquelle le premier terme ne contient que des quantités données ou déterminées par les conditions du problème, et dont le second contient des arbitraires, et peut être supposé aussi petit qu'on le veut, sans rien changer aux quantités qui sont contenues dans le premier terme, puisqu'on est maître de supposer RS aussi proche qu'on le veut de MP. Donc, suivant la théorie des indéterminées, chacun des termes de cette équation, pris séparément, doit être égal à zéro; c'est-à-dire que cette équation peut se décomposer en ces deux autres :

$$\frac{TP}{y} - \frac{y}{a-x} = 0 \quad \text{et} \quad \frac{T'T}{y} - \frac{yMZ + aRZ - xRZ}{(a-x)(2a - 2x - MZ)} = 0,$$

desquelles la première ne contient que des quantités désignées, et la seconde contient des arbitraires. Mais nous n'avons besoin que de la première, puisque c'est celle qui nous donne la valeur cherchée de TP, telle que nous l'avons déjà trouvée ci-devant. Donc, quand même nous aurions commis des erreurs dans le cours du calcul, pourvu que ces erreurs ne fussent tombées que sur la dernière équation, l'exactitude du résultat cherché n'en aurait point souffert; et c'est effectivement ce qui serait arrivé si nous eussions traité MZ, RZ et T'T comme nulles par comparaison aux quantités proposées a, x, y, dans les équations primitives; nous eussions, à la vérité, commis des erreurs dans l'expression des conditions du problème, mais ces erreurs se fussent détruites d'elles-mêmes par compensation, et le résultat dont nous avons besoin n'en eût été aucunement altéré.

123. L'analyse infinitésimale, envisagée sous ce rapport, n'est donc autre chose qu'une application, ou, si l'on veut, une extension de la méthode des indéterminées; car, suivant cette méthode, je dis que lorsqu'on néglige une quantité infiniment petite, on ne fait, à proprement parler, que la *sous-entendre* et non la supposer nulle; par exemple, lorsqu'au lieu des deux équations exactes

$$TP + T'T = MP \times \frac{MZ}{RZ}$$

et

$$\frac{MZ}{RZ} = \frac{2y + RZ}{2a - 2x - MZ}$$

trouvées (9), j'emploie les deux équations imparfaites

$$TP = MP \times \frac{MZ}{RZ} \quad et \quad \frac{MZ}{RZ} = \frac{y}{a - x},$$

je sais fort bien que je commets une erreur et je les mets, pour ainsi dire, mentalement sous cette forme

$$\frac{MZ}{RZ} \times MP = TP + \varphi \quad et \quad \frac{MZ}{RZ} = \frac{y}{a - x} + \varphi';$$

φ et φ' étant des quantités telles qu'il les faut pour que ces équations aient lieu exactement : de même dans l'équation

$$\frac{TP}{MP} = \frac{y}{a - x},$$

résultante des deux équations imparfaites ci-dessus, je sous-entends la quantité φ'', telle que

$$\left(\frac{TP}{MP} - \frac{y}{a - x} \right) + \varphi'' = 0$$

soit une équation exacte; mais je reconnais bientôt que cette dernière quantité φ'' est égale à zéro, parce que si elle n'était pas nulle, elle ne pourrait être qu'infiniment petite, tandis qu'il n'entre aucune quantité infinitésimale dans le premier terme; or cela est impossible, à moins que chacun de ces termes, pris séparément, ne soit égal à zéro; d'où je conclus qu'on a exactement

$$\frac{TP}{MP} = \frac{y}{a - x};$$

et partant, les quantités φ, φ' et φ'' ont été, non pas supprimées comme nulles, mais simplement sous-entendues pour simplifier le calcul.

124. Pour second exemple proposons-nous de prouver que l'aire d'un cercle est égale au produit de sa circonférence par la moitié du rayon; c'est-à-dire qu'en nommant R ce rayon, ϖ le rapport de la circonférence à ce même rayon, et par conséquent ϖR cette circonférence, S la surface du cercle, on doit avoir

$$S = \tfrac{1}{2} \varpi R^2.$$

Pour cela, j'inscris au cercle un polygone régulier, puis je double successivement le nombre de ses côtés jusqu'à ce que l'aire de ce polygone diffère aussi peu qu'on le voudra de l'aire du cercle. En même temps le périmètre du polygone différera aussi peu qu'on le voudra de la circonférence ϖR, et l'apothème aussi peu qu'on le voudra du rayon R. Donc l'aire S différera aussi peu qu'on le voudra de $\tfrac{1}{2} \varpi R^2$; donc si nous faisons

$$S = \tfrac{1}{2} \varpi R^2 + \varphi,$$

la quantité φ, si elle n'est pas o, pourra être au moins supposée aussi petite qu'on le voudra. Cela posé, je mets cette équation sous la forme

$$\left(S - \tfrac{1}{2} \varpi R^2\right) - \varphi = 0,$$

équation à deux termes, dont le premier ne renferme aucune arbitraire, et dont le second, au contraire, peut être supposé aussi petit qu'on le veut; donc, par la théorie des indéterminées, chacun de ces termes en particulier est égal à o : donc nous avons

$$S - \tfrac{1}{2} \varpi R^2 = 0 \quad \text{ou} \quad S = \tfrac{1}{2} \varpi R^2;$$

ce qu'il fallait démontrer.

125. Soit proposé maintenant de trouver quelle est la valeur qu'il faut donner à x, pour que sa fonction $ax - xx$ soit un *maximum*.

Le cas du *maximum* doit avoir lieu évidemment, lorsqu'en ajoutant à l'indéterminée x une valeur arbitraire x', l'augmentation correspondante de la fonction proposée $ax - xx$ pourra être rendue aussi petite qu'on le voudra, par rapport à x', en diminuant celle-ci de plus en plus.

Or, si j'ajoute à x la quantité x', j'aurai pour l'augmentation de la fonction proposée

$$a(x + x') - (x + x')^2 - (ax - xx),$$

ou, en réduisant,

$$(a + 2x)x' - x'^2;$$

c'est donc le rapport de cette quantité à x', ou

$$a - 2x - x'$$

qui doit pouvoir être supposée aussi petite qu'on le veut. Soit cette quantité $= \varphi$, nous aurons donc

$$a - 2x - x' = \varphi,$$

ou

$$(a - 2x) - (x' + \varphi) = 0,$$

équation à deux termes, dont le premier ne renferme aucune arbitraire, et dont le second peut être supposé aussi petit qu'on le veut ; donc, par la théorie des indéterminées, chacun de ces termes pris séparément est égal à o. Donc nous avons

$$a - 2x = 0 \quad \text{ou} \quad x = \tfrac{1}{2}a,$$

ce qu'il fallait trouver.

126. Soit proposé de prouver que deux pyramides de mêmes bases et de mêmes hauteurs sont égales entre elles.

Concevons ces pyramides partagées en un même nombre de tranches toutes de même hauteur. Chacune de ces tranches pourra évidemment être regardée comme composée de deux parties, dont l'une sera un prisme ayant pour base la plus petite des deux qui terminent la tranche, et l'autre sera l'espèce d'onglet qui entoure ce prisme.

Si donc nous appelons V, V' les volumes des deux pyramides, P, P' les sommes respectives des prismes dont nous venons de parler, q, q' les sommes respectives des onglets, nous aurons

$$V = P + q, \quad V' = P' + q';$$

mais il est clair que $P = P'$, donc

$$V - q = V' - q' \quad \text{ou} \quad (V - V') - (q - q') = o.$$

Mais le premier terme de cette équation ne renferme aucune arbitraire, et le second peut évidemment être supposé aussi petit qu'on le veut. Donc, par la théorie des indéterminées, chacun de ces termes en particulier est égal à o. Donc on a $V - V' = o$ ou $V = V'$; *ce qu'il fallait démontrer.*

127. Soit proposé de trouver le volume d'une pyramide dont la base est B et la hauteur H.

Concevons cette pyramide partagée en une infinité de tranches de même épaisseur; soit x la distance de l'une quelconque de ces tranches au sommet de la pyramide, et x' l'épaisseur de cette tranche. Dans la pyramide, les aires des coupes faites parallèlement à la base sont comme les carrés de leurs distances au sommet; donc la base supérieure ou petite base de la tranche éloignée du sommet de la distance x, est $\frac{B}{H^2} x^2$.

Donc le volume de cette tranche, abstraction faite de l'onglet, est $\frac{B}{H^2} x^2 x'$; donc le volume total de la pyramide, abstraction faite des onglets, est la somme de tous ces éléments. Et puisque x' pouvant être supposée aussi petite qu'on le veut, chaque onglet peut également être supposé aussi petit qu'on le veut, relativement au volume de la tranche, la somme de tous les éléments $\frac{B}{H^2} x^2 x'$ diffère aussi peu qu'on le veut du volume cherché de la pyramide. Nommons donc V ce volume, nous aurons exactement

$$V = \text{som} \frac{B}{H^2} x^2 x' + \varphi,$$

φ désignant une quantité qui peut être supposée aussi petite qu'on le veut.

Mais puisque B, H et x' sont des quantités constantes, c'est-à-dire les mêmes pour toutes les tranches, il est clair que

$$\text{som} \frac{B}{H^2} x^2 x'$$

est la même chose que

$$\frac{B\,x'^{3}}{H^{2}}\ \text{som}\ \left(\frac{x}{x'}\right)^{2}.$$

Or $\frac{x}{x'}$ est évidemment le nombre des tranches comprises depuis le sommet jusqu'à x, donc som $\left(\frac{x}{x'}\right)^{2}$ pour la pyramide entière, est la somme des carrés des nombres naturels depuis o jusqu'à $\frac{H}{x'}$.

Mais on sait que cette suite de carrés des nombres naturels est

$$\frac{1}{6}\left(\frac{2\,H^{3}}{x'^{3}}+\frac{3\,H^{2}}{x'^{2}}+\frac{H}{x'}\right).$$

Substituant cette somme dans l'équation trouvée ci-dessus, nous aurons

$$V=\frac{B\,x'^{3}}{6\,H^{2}}\left(\frac{2\,H^{3}}{x'^{3}}+\frac{3\,H^{2}}{x'^{2}}+\frac{H}{x'}\right)+\varphi,$$

ou, en transformant pour séparer les termes arbitraires de ceux qui ne le sont pas,

$$\left(V-\tfrac{1}{3}BH\right)-\left[\frac{B\,x'^{3}}{6\,H^{2}}\left(\frac{3\,H^{2}}{x'^{2}}+\frac{H}{x'}\right)+\varphi\right]=0,$$

équation rigoureusement exacte à deux termes, dont le premier ne contient que des quantités désignées ou non arbitraires, et dont le second peut être rendu aussi petit qu'on le veut. Donc chacun de ces termes pris séparément est égal à zéro : donc nous avons par le premier

$$V-\tfrac{1}{3}BH=0\ \ \text{ou}\ \ V=\tfrac{1}{3}BH,$$

ce qu'il fallait trouver.

La solution qu'on vient de donner est analogue à la méthode des indivisibles, ou plutôt c'est la méthode même des indivisibles rendue rigoureuse par quelques légères modifications, au moyen de la méthode des indéterminées : nous allons maintenant appliquer celle-ci à la même question, en employant la notation de l'analyse infinitésimale, pour faire voir comment toutes ces méthodes se tiennent, ou plutôt comment elles ne sont toutes qu'une seule et même méthode envisagée sous différents aspects.

En conservant les dénominations ci-dessus, nous avons $d\mathrm{V}$ pour l'élément de la pyramide. De plus, nous avons pour valeur du même élément, en négligeant l'onglet,

$$\frac{\mathrm{B}}{\mathrm{H}^2}\, x^2\, dx\,;$$

donc nous avons exactement

$$d\mathrm{V} = \frac{\mathrm{B}}{\mathrm{H}^2}\, x^2\, dx + \varphi,$$

φ exprimant une quantité qui peut être supposée aussi petite qu'on le veut relativement à chacun des autres termes.

Prenant de part et d'autre la somme exacte des éléments, nous aurons l'équation rigoureuse

$$\mathrm{V} = \mathrm{som}\, \frac{\mathrm{B}}{\mathrm{H}^2}\, x^2\, dx + \mathrm{som}\, \varphi \dots \text{(A)}$$

Or l'intégrale ordinaire

$$\int \frac{\mathrm{B}}{\mathrm{H}^2}\, x^2\, dx$$

du premier terme du second membre est

$$\frac{\mathrm{B}}{3\,\mathrm{H}^2}\, x^3 + \mathrm{C},$$

C exprimant une constante; mais la différentielle exacte de cette intégrale n'est pas

$$\frac{\mathrm{B}}{\mathrm{H}^2}\, x^2\, dx,$$

elle est

$$\frac{\mathrm{B}}{3\,\mathrm{H}^2}\, (x + dx)^3 - \frac{\mathrm{B}}{3\,\mathrm{H}^2}\, x^3 = \frac{\mathrm{B}}{\mathrm{H}^2}\, x^2\, dx + \frac{\mathrm{B}}{\mathrm{H}^2}\, (3x\,dx^2 + dx^3),$$

c'est-à-dire que nous avons exactement

$$d\left(\frac{\mathrm{B}}{3\,\mathrm{H}^2}\, x^3 + \mathrm{C}\right) = \frac{\mathrm{B}}{\mathrm{H}^2}\, x^2\, dx + \frac{\mathrm{B}}{\mathrm{H}^2}\, (3x\,dx^2 + dx^3)\,;$$

donc, en prenant de part et d'autre la somme exacte, nous aurons

$$\left(\frac{B}{3H^2}x^3+C\right)=\text{som}\,\frac{B}{H^2}x^2dx+\text{som}\,\frac{B}{H^2}(3xdx^2+dx^3),$$

ou, en transposant,

$$\text{som}\,\frac{B}{H^2}x^2dx=\left(\frac{B}{3H^2}x^3+C\right)-\text{som}\,\frac{B}{H^2}(3xdx^2+dx^3).$$

Substituant dans l'équation (A), nous aurons exactement

$$V=\left(\frac{B}{3H^2}x^3+C\right)-\left[\text{som}\,\frac{B}{H^2}(3xdx^2+dx^3)-\text{som}\,\varphi\right],$$

équation dans laquelle le dernier terme seul contient des quantités arbitraires et peut être supposé aussi petit qu'on le veut. Faisons donc, pour abréger, ce terme φ'; l'équation deviendra, en transposant,

$$\left[V-\left(\frac{B}{3H^2}x^3+C\right)\right]-\varphi'=0,$$

équation dont par les principes de la méthode des indéterminées chaque terme pris séparément est égal à zéro, ce qui donne

$$V=\frac{B}{3H^2}x^3+C.$$

Pour déterminer C, il n'y a qu'à faire $x=0$, alors on a $V=0$, donc $C=0$, donc l'équation se réduit à

$$V=\frac{B}{3H^2}x^3,$$

c'est-à-dire que le volume de la pyramide depuis le sommet jusqu'à la hauteur x est $\frac{Bx^3}{3H^2}$; donc, pour avoir le volume total de la pyramide, il n'y a plus qu'à supposer $x=H$, ce qui donnera enfin

$$V=\tfrac{1}{3}BH.$$

128. Cette solution, comme on le voit, n'est autre chose que celle qu'on obtiendrait par les procédés de l'analyse infinitési-

male, en ne négligeant rien, et l'analyse infinitésimale ordinaire n'est qu'une abréviation de ces procédés, puisqu'elle ne néglige que les quantités φ, φ', qui ne tombent dans le résultat du calcul que sur celle des équations dont on n'a pas besoin, entre les deux dans lesquelles il se décompose. Or ce que l'analyse infinitésimale néglige ainsi par simple fiction sous le nom de quantités infiniment petites, on peut simplement le sous-entendre pour conserver la rigueur géométrique pendant tout le cours du calcul : on voit donc que la méthode des indéterminées fournit une démonstration rigoureuse du calcul infinitésimal, et qu'elle donne en même temps le moyen d'y suppléer, si l'on veut, par l'analyse ordinaire. Il eût été à désirer peut-être qu'on fût parvenu par cette voie aux calculs différentiel et intégral ; ce qui était aussi naturel que le chemin qu'on a pris, et aurait prévenu toutes les difficultés.

DE LA MÉTHODE DES PREMIÈRES ET DERNIÈRES RAISONS OU DES LIMITES.

129. La méthode des premières et dernières raisons ou des limites prend aussi son origine dans la méthode d'exhaustion ; et ce n'est, à proprement parler, qu'un développement et une simplification de celle-ci. C'est à Newton que l'on doit cet utile perfectionnement, et c'est dans son livre des *Principes* qu'il faut s'en instruire : il suffit, pour notre objet, d'en donner ici une idée succincte.

Lorsque deux quantités quelconques sont supposées se rapprocher continuellement l'une de l'autre, de manière que leur rapport ou quotient diffère de moins en moins et aussi peu qu'on le veut de l'unité ; ces deux quantités sont dites avoir pour *dernière raison une raison d'égalité*.

En général, lorsque l'on suppose que diverses quantités s'approchent respectivement et simultanément d'autres quantités qui sont considérées comme fixes, jusqu'à en différer toutes en même temps aussi peu qu'on le veut, les rapports qu'ont entre elles ces quantités fixes sont les *dernières raisons* de celles qui sont supposées s'en approcher respectivement et simultanément, et ces quantités fixes elles-mêmes sont appelées *limites* ou *dernières valeurs* de celles qui s'en approchent ainsi.

Ces dernières valeurs et dernières raisons sont aussi appelées *premières valeurs* et *premières raisons* des quantités auxquelles elles se rapportent, suivant que l'on considère les variables comme s'approchant ou s'éloignant des quantités
considérées comme fixes qui leur servent de limites.

130. Ces limites ou quantités, considérées comme fixes,
peuvent cependant être variables comme seraient, par exemple, les coordonnées d'une courbe, c'est-à-dire qu'elles peuvent n'être pas données par les conditions de la question, mais
seulement déterminées par les hypothèses subséquentes sur
lesquelles le calcul est établi. Ainsi, par exemple, quoique les
coordonnées d'une courbe soient comprises parmi les quantités qu'on nomme variables, parce qu'elles ne sont point du
nombre des données; si je me propose une question à résoudre sur la courbe dont il s'agit, comme celle de lui mener une
tangente, il faudra, pour établir mes raisonnements et mon
calcul, que je commence par attribuer des valeurs déterminées
à ces coordonnées, et que je continue à les regarder comme
fixes jusqu'à la fin de mon calcul. Or ces quantités, considérées comme fixes, sont comprises, aussi bien que les données
mêmes du problème, parmi celles que nous appelons limites.

131. Ces limites sont précisément les quantités dont on
cherche la relation; celles qui sont supposées s'en approcher
graduellement ne sont que des quantités auxiliaires que l'on
fait intervenir pour faciliter l'expression des conditions du problème, mais qui ne peuvent rester dans le calcul, et qu'il faut
nécessairement éliminer pour obtenir les résultats cherchés;
elles sont par conséquent de celles que nous avons nommées
quantités non désignées, tandis que leurs limites ou dernières
valeurs sont les quantités dont on veut obtenir la relation, et
que nous appelons *quantités désignées.*
On voit ainsi l'analogie qui doit exister entre la théorie des
premières ou dernières raisons, et la méthode infinitésimale.
Car ce que dans celle-ci on nomme quantités infiniment petites, n'est évidemment autre chose, d'après la définition que
nous en avons donnée (14), que la différence d'une quantité
quelconque à sa limite, ou, si l'on veut, une quantité dont la

limite est o; et les quantités qui ont pour dernière raison une raison d'égalité, ne sont autre chose que celles qui, dans l'analyse infinitésimale, sont nommées quantités infiniment peu différentes l'une de l'autre.

132. On voit encore par là que la notion de quantité infiniment petite n'est pas moins claire que celle de limite, puisque ce n'est autre chose que la différence de cette même limite à la quantité dont elle exprime la dernière valeur. Mais la différence qu'il y a en ce qu'on appelle proprement méthode des limites et celle qu'on appelle méthode infinitésimale, consiste en ce que dans la première on n'admet en effet dans le calcul que les limites elles-mêmes, qui sont toujours des quantités désignées, au lieu que dans la méthode infinitésimale on admet aussi les quantités non désignées, qui sont supposées s'en approcher continuellement, et les différences de ces quantités non désignées à leurs limites : ce qui donne à la méthode infinitésimale plus de moyens de varier ses expressions et ses transformations algébriques, sans qu'il puisse y avoir la moindre différence dans la rigueur des procédés.

133. La faculté que se procure ainsi la méthode infinitésimale, la rend susceptible encore d'un nouveau degré de perfection bien plus important, c'est de pouvoir être réduite en un algorithme particulier. Car ces différences entre les quantités non désignées et leurs limites, sont ce qu'on a distingué sous le nom de *différentielles* de ces mêmes limites, et les simplifications auxquelles donne lieu l'admission de ces quantités dans le calcul sont précisément ce qui donne à l'analyse infinitésimale de si puissants moyens.

Néanmoins la méthode des limites, quoique restreinte par la faculté dont elle se prive d'introduire dans le calcul les quantités auxiliaires dont ces limites ne sont que les dernières valeurs, cette méthode, dis-je, l'emporte encore de beaucoup pour la facilité des calculs sur la simple méthode d'exhaustion, parce qu'elle s'affranchit au moins de la réduction à l'absurde pour chaque cas particulier, opération la plus pénible de celles qui constituent la méthode d'exhaustion; tandis que dans l'autre méthode, pour établir l'égalité de deux quantités quelcon-

ques, il suffit de prouver qu'elles sont toutes deux limites
d'une même troisième quantité.

134. Il n'y a aucune distinction à faire entre la méthode des
limites et celle des premières ou dernières raisons; Newton n'en
fait aucune, il emploie indifféremment le nom de limite d'une
quantité ou dernière valeur de cette quantité; limite du rapport de deux quantités ou dernière raison de ces deux quantités. Je fais cette réflexion, parce qu'il y a des personnes qui
croient vaguement qu'il existe quelque différence entre la méthode des limites, telle que d'Alembert l'a expliquée à l'article
Différentiel de l'Encyclopédie, et la méthode des premières et
dernières raisons, telle que Newton l'a expliquée dans le livre
des *Principes*. C'est absolument la même chose, et d'Alembert déclare positivement dans cet article qu'il n'y est que l'in-
terprète de Newton. Cette méthode étant très-connue, il nous
suffira d'en donner un exemple.

135. Il est clair, par ce qui a été dit (9), que quoique $\dfrac{MZ}{RZ}$ ne
soit point égale à $\dfrac{TP}{MP}$; cependant la première de ces quantités
diffère d'autant moins de la seconde, que RS est plus proche de
MP, c'est-à-dire que

$$\frac{MZ}{RZ} = \frac{TP}{MP}$$

est une équation imparfaite, mais que (en désignant par L
l'expression de limite ou de dernière valeur)

$$L\,\frac{MZ}{RZ} = \frac{TP}{MP}$$

est une équation parfaite ou rigoureusement exacte.
De même on prouvera que

$$L\,\frac{MZ}{RZ} = \frac{\gamma}{a-x}$$

est aussi une équation parfaite ou rigoureusement exacte; égalant donc ces deux valeurs de $L\dfrac{MZ}{RZ}$, il vient

$$\frac{TP}{MP} = \frac{y}{a-x},$$

ou

$$TP = \frac{y^2}{a-x}$$

comme ci-dessus. Ainsi, ce ne sont plus dans ce nouveau calcul les quantités infiniment petites MZ et RZ qui y entrent séparément, ni même leur rapport $\dfrac{MZ}{RZ}$, mais seulement sa limite ou dernière valeur $L\dfrac{MZ}{RZ}$, qui est une quantité finie.

Si cette méthode était toujours aussi facile à mettre en usage que l'analyse infinitésimale ordinaire, elle pourrait paraître préférable, car elle aurait l'avantage de conduire aux mêmes résultats par une route directe et toujours lumineuse.

Mais il faut convenir, ainsi qu'on l'a déjà observé ci-dessus, que la méthode des limites est sujette à une difficulté considérable qui n'a pas lieu dans l'analyse infinitésimale ordinaire; c'est que ne pouvant y séparer, comme dans celle-ci, les quantités infiniment petites l'une de l'autre, et ces quantités se trouvant toujours liées deux à deux, on ne peut faire entrer dans les combinaisons les propriétés qui appartiennent à chacune d'elles en particulier, ni faire subir aux équations où elles se rencontrent toutes les transformations qui pourraient aider à les éliminer.

DE LA MÉTHODE DES FLUXIONS.

136. Newton considère une courbe comme engendrée par le mouvement uniforme d'un point; il décompose à chaque instant la vitesse constante de ce point en deux autres, l'une parallèle à l'axe des abscisses et l'autre parallèle à l'axe des ordonnées. Ces vitesses sont ce qu'il appelle *fluxions* de ces coordonnées, tandis que la vitesse arbitraire du point qui décrit la courbe est la fluxion de l'arc décrit.

Réciproquement cet arc décrit est appelé la *fluente* de la

vitesse avec laquelle il est décrit par le point mobile, l'abscisse correspondante est appelée fluente de la vitesse de ce point estimée dans le sens de cette abscisse, et l'ordonnée est appelée fluente de la vitesse de ce même point estimée dans le sens de cette ordonnée.

Puisque la fluxion de l'arc est supposée constante, il est évident qu'à moins que le chemin du point décrivant ne se fasse en ligne droite, les fluxions de l'abscisse et de l'ordonnée seront variables, et que leur rapport à chaque instant dépendra de la nature de la courbe, c'est-à-dire de la relation même de ces coordonnées.

Réciproquement la relation des coordonnées dépend nécessairement de celle qui existe à chaque instant entre les fluxions de ces coordonnées. On peut donc demander quel est le moyen de découvrir la relation qui existe entre les fluxions, lorsque l'on connaît celle qui existe entre les coordonnées, et réciproquement quel est celui de découvrir la relation qui existe entre les coordonnées, lorsque l'on connaît celle qui existe entre les fluxions seules, ou combinées avec les coordonnées elles-mêmes. La première partie de ce problème est ce qu'on nomme méthode des fluxions, et la seconde méthode inverse des fluxions.

137. Mais ces premières notions peuvent être généralisées; car à mesure que le point décrivant parcourt la courbe, non-seulement l'abscisse et l'ordonnée changent, mais encore la sous-tangente, la normale, le rayon de courbure, etc., c'est-à-dire que ces quantités croissent ou décroissent plus ou moins rapidement ainsi que les coordonnées elles-mêmes. Toutes ces quantités ont donc des fluxions dont les rapports sont également déterminés par le mouvement du point que décrit uniformément la courbe; ainsi ces quantités sont elles-mêmes des fluentes. Or c'est l'art de déterminer les relations de toutes ces fluentes par l'entremise de leurs fluxions employées comme auxiliaires, que l'on nomme méthode directe et inverse des fluxions, ou méthode des fluxions et fluentes.

Cette méthode s'applique non-seulement aux lignes courbes, mais par analogie on l'étend aux aires que renferment ces courbes, aux surfaces courbes et aux volumes qu'elles ter-

8

minent, aux forces qui mettent les corps en mouvement et aux effets qu'elles produisent; on en applique en un mot la théorie à tout ce qui fait l'objet des mathématiques et des sciences physico-mathématiques, aussi bien que la méthode d'exhaustion elle-même et tous les modes de calcul qui en dérivent.

138. La méthode des fluxions n'admet, comme on le voit, dans le calcul que des quantités finies : puisque ces fluxions ne sont autre chose que des vitesses qui sont des quantités finies. On peut même prendre ces vitesses respectives avec lesquelles les coordonnées croissent, pour coordonnées d'une nouvelle courbe, lesquelles auront aussi leurs fluxions, qui seront pareillement des quantités finies; et celles-ci pourront encore être prises pour coordonnées d'une troisième courbe, ainsi de suite, sans que jamais il entre dans le calcul autre chose que des quantités finies.

139. Il y a une fluxion principale qui est choisie à volonté, mais qui, étant une fois adoptée, règle toutes les autres : on peut choisir celle que l'on veut. Nous avons supposé que c'était la vitesse absolue du point décrivant, que nous avons regardée comme uniforme : mais on peut supposer également que c'est la vitesse dans le sens de l'abscisse, ou toute autre qui soit uniforme et qui serve de terme de comparaison.

140. La méthode des fluxions et fluentes dérive naturellement de celle des premières et dernières raisons; car la vitesse variable d'un point n'est pas le chemin décrit par ce point dans un temps donné, divisé par ce temps, mais la première ou dernière raison de ce rapport, c'est-à-dire la quantité dont ce rapport approche de plus en plus, à mesure que ce temps est supposé plus court.

141. Cette observation a été le prétexte d'une objection élevée contre la méthode des fluxions; car, a-t-on dit, c'est introduire dans la Géométrie qui appartient aux Mathématiques pures, la notion des vitesses qui n'appartient qu'aux Mathématiques mixtes, et définir une idée qui doit être simple, par une autre qui est complexe.

Mais cette objection est assez frivole : car la véritable chose à considérer est de savoir si la théorie est plus facile à saisir de cette manière que d'une autre. Le classement que nous faisons des sciences est assez arbitraire. Nous plaçons la Géométrie avant la Mécanique dans l'ordre de la simplicité, mais les parties transcendantes de la première sont bien plus abstraites que les parties élémentaires de la seconde, et, comme le dit Lagrange, « chacun a ou croit avoir une idée nette de la vitesse; » ce n'est donc pas prendre une marche contraire à l'esprit des Mathématiques, que de définir les fluxions par les vitesses.

142. Nous venons de voir que les vitesses qu'on nomme *fluxions*, sont les dernières raisons des espaces parcourus et des temps employés à les parcourir; mais si l'on compare ensemble deux de ces vitesses ou fluxions, par exemple la fluxion de l'abscisse avec celle de l'ordonnée, ces fluxions auront elles-mêmes entre elles une raison, qui n'est autre chose que la limite du rapport des différentielles de ces coordonnées. Ainsi la Méthode des fluxions n'est encore, comme on le voit, que la méthode infinitésimale, et par conséquent la méthode d'exhaustion envisagée sous un nouveau point de vue, et l'on aperçoit facilement le lien qui unit toutes ces méthodes les unes aux autres.

143. Les procédés de la méthode des fluxions ne diffèrent de ceux de l'analyse infinitésimale que par la notation. Au lieu de la caractéristique d, dont on se sert dans celle-ci, on pointe les lettres dans la méthode des fluxions, c'est-à-dire que la fluxion de la variable ou fluente x, par exemple, est représentée par $\dot{x}$, mais avec cette distinction, que $\dot{x}$ représente une quantité finie qui est la vitesse du point décrivant dans le sens des abscisses, tandis que dx, dans le calcul différentiel, représente une quantité infiniment petite, qui est l'accroissement instantané de cette même abscisse.

De même si l'on conçoit une nouvelle courbe, dont les coordonnées soient les fluxions respectives de x et y, les fluxions de ces nouvelles coordonnées seront des fluxions de fluxions, et devront, d'après la notation indiquée, être exprimées dans le calcul par $\ddot{x}$, $\ddot{y}$, et ces $\ddot{x}$, $\ddot{y}$, seront encore des quantités finies, tandis que les différentielles secondes ddx, *ddy*, qui leur correspondent dans la méthode infinitésimale, sont des quantités infiniment petites du second ordre; ainsi de suite.

144. Il ne m'appartient pas de prononcer entre Newton et Leibnitz sur la priorité de l'invention. Il me semble que la métaphysique de l'une de ces méthodes est tellement différente de celle de l'autre, qu'il est plus que probable que chacun a inventé la sienne. L'histoire des sciences mathématiques est remplie de semblables rencontres; parce que la vérité étant une, il faut toujours que ce soit à elle qu'on arrive, et sitôt qu'elle est pressentie, chacun s'y précipite par le chemin qu'il s'est frayé. Il faut faire attention qu'à l'époque de Newton et de Leibnitz, une foule d'idées analogues à celles de ces deux grands hommes perçaient de toutes parts dans les écrits des savants. C'était réellement un fruit mûr. Cavalérius, Fermat, Pascal, avaient soumis au calcul les quantités infiniment petites; Descartes avait trouvé la méthode des indéterminées; Roberval avait imaginé de décomposer la vitesse du point qui décrit une courbe, en deux autres respectivement parallèles aux deux coordonnées; Barrow avait considéré les courbes comme des polygones d'une infinité de côtés; Wallis avait enseigné à calculer les séries. Il ne manquait plus que d'assujettir toutes les découvertes de même genre à un mode uniforme par un algorithme; n'est-il pas plus naturel de penser que Newton et Leibnitz ont trouvé chacun le leur par des routes très-opposées, que de supposer que l'un de ces deux hommes, déjà justement célèbres à tant d'autres égards, ait été plagiaire de l'autre?

DU CALCUL DES QUANTITÉS ÉVANOUISSANTES.

145. La plupart des savants, pour concilier la simplicité de la notation leibnitzienne avec la rigueur géométrique, prennent le parti de considérer les quantités infiniment petites, comme absolument nulles. La métaphysique du calcul infinitésimal est développée sous ce point de vue avec une grande clarté, dans la préface du *Calcul différentiel* d'Euler: « Le calcul différentiel, dit ce grand géomètre, est l'art de trouver le rapport des accroissements évanouissants, que prennent des fonctions quelconques, lorsqu'on attribue à la quantité

» variable dont elles sont fonctions, un accroissement éva-
» nouissant. »

Newton avait déjà admis, dans son livre des *Principes*, la
notion dés quantités évanouissantes. « Il faut, dit-il, entendre
» par la dernière raison des quantités évanouissantes, la raison
» qu'ont entre elles des quantités qui diminuent, non pas
» avant de s'évanouir, ni après qu'elles sont évanouies, mais
» au moment même qu'elles s'évanouissent. »

D'Alembert rejette cette explication, quoiqu'il adopte com-
plétement d'ailleurs la doctrine de Newton sur les limites ou
premières et dernières raisons des quantités.

« Cette méthode, dit Lagrange, a le grand inconvénient
» de considérer les quantités, dans l'état où elles cessent,
» pour ainsi dire, d'être quantités : car, quoiqu'on conçoive
» toujours bien le rapport de deux quantités, tant qu'elles
» demeurent finies, ce rapport n'offre plus à l'esprit une idée
» claire et précise, aussitôt que ses termes deviennent l'un et
» l'autre nuls à la fois. »

Il semble néanmoins que, les quantités infiniment petites
étant des variables, rien n'empêche qu'on ne puisse leur attribuer la valeur o, aussi bien que toute autre. Il est vrai qu'alors
leur rapport est $\frac{o}{o}$, qui peut être également supposé a ou b,
aussi bien que toute autre quantité quelconque.

146. La considération de ces quantités évanouissantes serait
donc à peu près inutile, si l'on se bornait à les traiter dans le
calcul comme des quantités simplement nulles : car elles n'offriraient plus que le rapport de o à o, qui n'est pas plus égal à
2 qu'à 3 ou à toute autre quantité ; mais il ne faut pas perdre
de vue que ces quantités nulles ont ici des propriétés particulières, comme dernières valeurs des quantités indéfiniment
décroissantes dont elles sont les limites, et qu'on ne leur
donne la dénomination particulière d'évanouissantes qu'afin
d'avertir que de tous les rapports ou relations dont elles sont
susceptibles en qualité de quantités nulles, on ne veut considérer et faire entrer dans les combinaisons que celles qui
leur sont assignées par la loi de continuité, lorsque l'on imagine le système des quantités auxiliaires s'approchant par de-

grés insensibles du système des quantités désignées : et c'est
là précisément ce qu'entend Newton, lorsqu'il dit que les quantités évanouissantes sont des quantités considérées, non avant
qu'elles s'évanouissent, non après qu'elles se sont évanouies,
mais à l'instant même qu'elles s'évanouissent.

Dans le cas traité ci-devant (9), par exemple, tant que RS ne
coïncide point avec MP, la fraction $\dfrac{MZ}{RZ}$ est plus grande que
$\dfrac{TP}{\gamma}$; ces deux fractions ne deviennent égales qu'au moment
où MZ et RZ se réduisent à zéro. Il est vrai qu'alors $\dfrac{MZ}{RZ}$ est
aussi bien égale à toute autre quantité qu'à $\dfrac{TP}{\gamma}$, puisque $\dfrac{0}{0}$
est une quantité absolument arbitraire ; mais parmi les diverses
valeurs qu'on peut attribuer à $\dfrac{MZ}{RZ}$, $\dfrac{TP}{\gamma}$ est la seule qui soit as-
sujettie à la loi de continuité et déterminée par elle ; car si
l'on construisait une courbe dont l'abscisse fût la quantité indéfiniment petite MZ, et l'ordonnée proportionnelle à $\dfrac{MZ}{RZ}$,
celle qui répondrait à l'abscisse nulle serait représentée par
$\dfrac{TP}{\gamma}$, et non par une quantité arbitraire : or c'est ce qui distingue les quantités que je nomme évanouissantes de celles qui
sont simplement nulles.

Ainsi, quoique en général on ait

$$0 = 2 \times 0 = 3 \times 0 = 4 \times 0 = \text{etc.,}$$

on ne peut pas dire d'une quantité évanouissante telle que MZ,

$$MZ = 2\,MZ = 3\,MZ = 4\,MZ = \text{etc.;}$$

car la loi de continuité ne peut assigner entre MZ et MZ d'autre
rapport que celui d'égalité, ni d'autre relation que celle d'iden-
tité.

147. Nous avons vu qu'en introduisant dans le calcul des
quantités indéfiniment petites, et en les négligeant par comparaison aux quantités finies, les équations devenaient imparfaites, et que les erreurs auxquelles on donnait lieu ne se

compensaient que dans le résultat cherché. On peut maintenant éviter, si l'on veut, cette espèce d'inconvénient, par le
moyen des évanouissantes, qui, n'étant autre chose que les
dernières valeurs des quantités indéfiniment petites correspondantes, peuvent, comme toutes les autres valeurs, être
attribuées à ces quantités indéfiniment petites, et qui, d'un
autre côté, étant absolument nulles, peuvent se négliger lorsqu'elles se trouvent ajoutées à quelques quantités effectives,
sans que le calcul cesse d'être parfaitement rigoureux.

148. On peut donc envisager l'analyse infinitésimale sous
deux points de vue différents : en considérant les quantités
infiniment petites ou comme des quantités effectives, ou comme
des quantités absolument nulles. Dans le premier cas, l'analyse
infinitésimale n'est autre chose qu'un calcul d'erreurs compensées ; et dans le second, c'est l'art de comparer des quantités évanouissantes entre elles et avec d'autres, pour tirer de
ces comparaisons les rapports et relations quelconques qui
existent entre des quantités proposées.

Comme égales à zéro, ces quantités évanouissantes doivent
se négliger dans le calcul, lorsqu'elles se trouvent ajoutées à
quelque quantité effective ou qu'elles en sont retranchées ;
mais elles n'en ont pas moins, comme on vient de le voir, des
rapports très-intéressants à connaître, rapports qui sont déterminés par la loi de continuité à laquelle est assujetti le système des quantités auxiliaires dans son changement. Or, pour
saisir aisément cette loi de continuité, il est aisé de sentir
qu'on est obligé de considérer les quantités en question à
quelque distance du terme où elles s'évanouissent entièrement, sinon elles n'offriraient que le rapport indéfini de zéro
à zéro ; mais cette distance est arbitraire et n'a d'autre objet
que de faire juger plus facilement des rapports qui existent
entre ces quantités évanouissantes : ce sont ces rapports qu'on
a en vue en regardant les quantités infiniment petites comme
absolument nulles, et non pas ceux qui existent entre les quantités qui ne sont pas encore parvenues au terme de leur anéan-
tissement. Celles-ci, que j'ai nommées indéfiniment petites, ne
sont point destinées à entrer elles-mêmes dans le calcul envisagé sous le point de vue dont il s'agit dans ce moment, mais

employées seulement pour aider l'imagination et indiquer la loi de continuité qui détermine les rapports et les relations quelconques des quantités évanouissantes auxquelles elles répondent.

Ainsi, d'après cette hypothèse, dans la proportion $MZ : RZ :: TP : MP$ (*fig.* 1), les quantités représentées par MZ et RZ sont bien supposées absolument égales à zéro; mais comme c'est de leur rapport qu'on a besoin, il faut, pour apercevoir son égalité avec $\dfrac{TP}{MP}$, considérer les quantités indéfiniment petites qui répondent à ces quantités nulles, non afin de les introduire elles-mêmes dans le calcul, mais afin d'y faire entrer sous la dénomination de MZ et de RZ, les quantités évanouissantes qui en sont les dernières valeurs.

149. Ces expressions MZ, RZ représentent donc ici des quantités nulles, et on ne les emploie sous les formes MZ, RZ, plutôt que sous la forme commune o, que parce que si on les employait en effet sous cette dernière forme, on ne pourrait plus distinguer, dans les opérations où elles se trouveraient mêlées, leurs diverses origines, c'est-à-dire quelles sont les diverses quantités indéfiniment petites qui leur répondent. Or la considération, au moins mentale, de celles-ci est nécessaire pour saisir la loi de continuité qui détermine le rapport cherché des quantités évanouissantes qu'elles ont pour limites, et par conséquent il est essentiel de ne pas les perdre de vue et de les caractériser par des expressions qui empêchent de les confondre.

150. Les quantités évanouissantes qui font le sujet du calcul infinitésimal envisagé sous ce nouveau point de vue, sont à la vérité des êtres de raison; mais cela n'empêche pas qu'elles n'aient des propriétés mathématiques, et qu'on ne puisse les comparer tout aussi bien qu'on compare des quantités imaginaires qui n'existent pas davantage. Or personne ne révoque en doute l'exactitude des résultats qu'on obtient par le calcul des imaginaires, quoiqu'elles ne soient que des formes algébriques et des hiéroglyphes de quantités absurdes; à plus forte raison ne peut-on donner l'exclusion aux quantités évanouissantes, qui sont au moins des limites de quantités effectives et

touchent pour ainsi dire à l'existence. Qu'importe en effet que ces quantités soient ou non des êtres chimériques, si leurs rapports ne le sont pas, et que ces rapports soient la seule chose qui nous intéresse? On est donc entièrement maître, en soumettant au calcul les quantités que nous avons nommées infinitésimales, de regarder ces quantités comme effectives ou comme absolument nulles; et la différence qui se trouve entre ces deux manières d'envisager la question, consiste en ce qu'en regardant ces quantités comme nulles, les propositions, équations et résultats quelconques demeurent exacts et rigoureux pendant tout le calcul, mais se rapportent à des quantités qui sont des êtres de raison, et expriment des relations existantes entre quantités qui n'existent pas elles-mêmes; au lieu qu'en regardant les quantités infiniment petites comme quelque chose d'effectif, les propositions, équations et résultats quelconques ont bien pour sujet de véritables quantités; mais ces propositions, équations et résultats sont faux, ou plutôt ils sont imparfaits, et ne deviennent exacts à la fin que par la compensation de leurs erreurs, compensation cependant qui est une suite nécessaire et infaillible des opérations du calcul.

151. La métaphysique qui vient d'être exposée fournit aisément des réponses à toutes les objections qui ont été faites contre l'analyse infinitésimale, dont plusieurs géomètres ont cru le principe fautif et capable d'induire en erreur; mais ils ont été accablés, si l'on peut s'exprimer ainsi, par la multitude des prodiges et par l'éclat des vérités qui sortaient en foule de ce principe.

Ces objections peuvent se réduire à celle-ci : Ou les quantités qu'on nomme infiniment petites sont absolument nulles ou non, car il est ridicule de supposer qu'il existe des êtres qui tiennent le milieu entre la quantité et le zéro. Or, si elles sont absolument nulles, leur comparaison ne mène à rien, puisque le rapport de o à o n'est pas plus a que b, ou toute autre quantité quelconque; et si elles sont des quantités effectives, on ne peut sans erreur les traiter comme nulles, ainsi que le prescrivent les règles de l'analyse infinitésimale.

La réponse est simple : bien loin de ne pouvoir en effet considérer les quantités infiniment petites, ni comme quelque chose de réel, ni comme rien, on peut dire au contraire qu'on peut à volonté les regarder comme nulles ou comme de véritables quantités; car ceux qui voudront les regarder comme nulles, peuvent répondre que ce qu'ils nomment quantités infiniment petites ne sont point des quantités nulles quelconques, mais des quantités nulles assignées par une loi de continuité qui en détermine la relation; que parmi tous les rapports dont ces quantités sont susceptibles comme zéro, ils ne considèrent que ceux qui sont déterminés par cette loi de continuité; et qu'enfin ces rapports ne sont point vagues et arbitraires, puisque cette loi de continuité n'assigne point, par exemple, plusieurs rapports différents aux différentielles de l'abscisse et de l'ordonnée d'une courbe lorsque ces différentielles s'évanouissent, mais un seul, qui est celui de la sous-tangente à l'ordonnée. D'un autre côté, ceux qui regardent les quantités infiniment petites comme de véritables quantités, peuvent répondre que ce qu'ils appellent infiniment petit n'est qu'une grandeur arbitraire et susceptible d'être supposée aussi petite qu'on le veut, sans rien changer aux quantités proposées; que dès lors, sans la supposer nulle, on peut cependant la traiter comme telle, sans qu'il s'ensuive aucune erreur dans le résultat, puisque cette erreur, si elle avait lieu, serait arbitraire comme la quantité qui l'aurait occasionnée. Or il est évident qu'une pareille erreur ne peut exister qu'entre des quantités dont quelqu'une au moins soit arbitraire. Donc lorsqu'on est parvenu à un résultat qui n'en contient plus et qui exprime une relation quelconque entre les quantités données et celles qui sont déterminées par les conditions du problème, on peut assurer que ce résultat est exact, et que par conséquent les erreurs qui auraient dû être commises en exprimant ces conditions, ont pu se compenser et disparaître par une suite nécessaire et infaillible des opérations du calcul.

152. D'autres Géomètres, embarrassés apparemment par l'objection qu'on vient de discuter, se sont attachés simplement à prouver que la méthode des limites dont les procédés sont rigoureusement exacts dans tous les points, devait nécessairement conduire aux mêmes résultats que l'analyse infinitésimale. Mais en convenant que le principe de cette méthode

est très-lumineux, on ne peut se dissimuler qu'ils ne font qu'éluder la difficulté sans la résoudre; que la méthode des limites ne mène aux résultats de l'analyse infinitésimale que par une route difficile et détournée; et qu'enfin cette méthode, loin d'être la même que celle du calcul de l'infini, n'est au contraire que l'art de s'en passer et d'y suppléer par le calcul algébrique ordinaire : en quoi l'on réussirait d'une manière plus simple, à ce qu'il me semble, par la méthode des indéterminées.

153. Il suit de ce que nous venons de dire, qu'on peut à volonté considérer les quantités infiniment petites ou comme absolument nulles, ou comme de véritables quantités; un motif cependant me ferait préférer cette dernière manière d'envisager l'analyse infinitésimale : c'est que ceux qui la considèrent ainsi me semblent traiter la question d'une manière plus générale que les autres. Car ceux-ci, en attribuant aux quantités infiniment petites la valeur o, font une opération inutile : ils paraissent regarder cette détermination comme nécessaire, et penser que sans elle ils ne pourraient obtenir ce qu'ils cherchent; or c'est ce qui n'est pas, puisque ces quantités peuvent toutes s'éliminer sans conditions, c'est-à-dire sans qu'on leur attribue aucune valeur déterminée, et pas plus celle qui est o qu'aucune autre. La question paraît donc résolue d'une manière générale, lorsqu'on laisse dans l'indétermination des quantités qu'on n'est pas obligé de déterminer.

DE LA THÉORIE DES FONCTIONS ANALYTIQUES OU FONCTIONS DÉRIVÉES.

154. Aucune des méthodes pratiquées ou proposées jusqu'à ce jour pour suppléer à la méthode d'exhaustion des anciens, et pour la réduire en algorithme régulier, n'a paru à Lagrange réunir au degré désirable l'exactitude et la simplicité requises dans les sciences mathématiques. Il a pensé néanmoins qu'il n'était pas impossible d'atteindre ce but important, et ses recherches à cet égard nous ont valu le grand ouvrage qu'il a publié sous le titre de *Théorie des fonctions analytiques, contenant les principes du calcul différentiel, dégagés de toute considération d'infiniment petits, d'évanouissants, de limites et de fluxions, et réduits à l'analyse algébrique des quantités*

finies. Lagrange a de plus donné, sur le même sujet, un autre ouvrage considérable, intitulé *Leçons sur le calcul des fonctions*, lequel est un commentaire et un supplément pour le premier.

Ces écrits sont marqués au coin du génie original et profond auquel nous devions déjà le *Calcul des variations* et la *Mécanique analytique ;* mais comme ils doivent se trouver entre les mains de tous ceux qui veulent approfondir la science du calcul, je n'en dirai ici qu'un mot.

Afin de conserver, dans tout le cours de ses opérations, l'exactitude rigoureuse dont il s'est fait la loi de ne jamais s'écarter, Lagrange, qui fait aussi usage des différentielles, sous une autre dénomination et sous une autre notation, les considère comme des quantités finies, indéterminées. En conséquence, il ne néglige aucun terme et prend ses différentielles comme on le fait dans le calcul aux différences finies. C'est à quoi il parvient par le théorème de Taylor, dont il fait la base de sa doctrine, et qu'il démontre directement par l'analyse ordinaire, tandis qu'avant lui on ne l'avait encore démontré que par le secours même du calcul différentiel.

L'auteur parvient ainsi à exprimer, par des équations rigoureusement exactes, les conditions de toute question proposée. Ces équations paraissent sans doute devoir être plus difficiles à établir et plus compliquées que celles qu'on obtient par les procédés ordinaires de l'analyse infinitésimale, c'est-à-dire lorsqu'on se permet de négliger les quantités infiniment petites vis-à-vis des quantités finies. Mais comme les unes et les autres de ces équations ne peuvent jamais conduire qu'aux mêmes résultats, on sent qu'il doit nécessairement exister pour les premières des moyens de simplification qui les ramènent aux autres. C'est ce qui a lieu en effet : l'auteur, par une suite de transformations ingénieuses, parvient à dégager son calcul de tout ce qui l'embarrassait inutilement. C'est ainsi que ces équations reviennent d'elles-mêmes, et sans qu'on soit obligé de rien négliger dans le cours des opérations, à la simplicité de celles qu'on aurait pu obtenir immédiatement par les procédés ordinaires de l'analyse infinitésimale.

155. Quoique Lagrange prenne ses différentielles comme

si c'était des différences finies, elles ont un caractère qui les distingue essentiellement de celles-ci : c'est qu'elles demeurent toujours indéterminées, de sorte qu'on reste maître, pendant tout le cours du calcul, de les rendre aussi petites qu'on le veut, sans rien changer à la valeur des quantités dont on cherche la relation ; ce qui fournit des moyens d'élimination qui n'appartiennent point au calcul ordinaire des différences finies, dans lequel ces différences sont fixes.

156. Il est facile de remarquer l'analogie qui existe entre la théorie des fonctions analytiques, celle du calcul infinitésimal ordinaire et la méthode des indéterminées dont nous avons parlé (119). En effet, les différences prises sans rien négliger, comme on le fait dans la théorie des fonctions analytiques, par la formule de Taylor, sont des séries. Or, comme l'observe Lagrange lui-même, tous les problèmes dont la solution exige le calcul différentiel dépendent uniquement du premier terme de chacune de ces séries, et toutes les méthodes n'ont d'autre but que de détacher et d'isoler, pour ainsi dire, ce premier terme du reste de la série. Le calcul différentiel ordinaire remplit immédiatement son objet, en négligeant, dès le premier moment, tous les autres, comme s'ils étaient nuls ; dans la méthode des indéterminées, on les sous-entend seulement comme devant nécessairement se détruire les uns par les autres dans le résultat du calcul ; dans la théorie des fonctions enfin, on les fait réellement entrer dans l'expression des conditions du problème, et on les dégage ensuite par diverses transformations fondées sur ce que tous ces termes ont pour facteur commun un accroissement de variable qu'on est maître de supposer aussi petit qu'on le veut, tandis que le premier terme de la série en est indépendant : ce qui rentre évidemment dans la méthode des indéterminées, par laquelle on est conduit à des équations dont chacun des termes pris séparément est égal à zéro.

157. Le véritable obstacle à l'adoption d'une méthode aussi lumineuse, est la nouveauté de l'algorithme pour lequel il faudrait abandonner celui qu'une longue habitude a consacré, et d'après lequel sont rédigés tous les ouvrages originaux qui ont paru depuis un siècle ; ainsi, par exemple, il faudrait re-

fondre toutes les collections académiques, tous les écrits
d'Euler et ceux de Lagrange lui-même. Cette pensée était la
sienne lorsqu'il publia la nouvelle édition de sa *Mécanique
analytique;* il n'y emploie point son algorithme, et voici comment il s'exprime à ce sujet, dans l'avertissement qu'il a mis à
la tête de ce dernier ouvrage :

« On a conservé la notation ordinaire du calcul différentiel,
» parce qu'elle répond au système des infiniment petits adopté
» dans ce Traité. Lorsqu'on a bien conçu l'esprit de ce sys-
» tème, et qu'on s'est convaincu de l'exactitude de ses résul-
» tats, par la méthode géométrique des premières et dernières
» raisons, ou par la méthode analytique des fonctions déri-
» vées, on peut employer les infiniment petits comme un in-
» strument sûr et commode pour abréger et simplifier les dé-
» monstrations. »

158. Depuis quelques années, John Landen, savant géomètre anglais, avait tenté, non sans succès, de ramener le calcul
infinitésimal à l'algèbre ordinaire. Lagrange, qui se plaisait à
faire ressortir le mérite des autres, parce qu'il se sentait assez
riche de ses propres découvertes, cite honorablement John
Landen, et voici comment il s'exprime à ce sujet:

« C'est pour prévenir ces difficultés qu'un habile géomètre
» anglais, qui a fait dans l'analyse des découvertes importantes,
» a proposé dans ces derniers temps de substituer à la mé-
» thode des fluxions jusqu'alors suivie scrupuleusement par
» tous les géomètres anglais, une autre méthode purement
» analytique et analogue à la méthode différentielle, mais dans
» laquelle, au lieu de n'employer que les différences infini-
» ment petites ou nulles des quantités variables, on emploie
» d'abord les valeurs différentes de ces quantités, qu'on égale
» ensuite après avoir fait disparaître par la division le facteur
» que cette égalité rendait nul. Par ce moyen, on évite à la
» vérité les infiniment petits et les quantités évanouissantes,
» mais les procédés et les applications du calcul sont embar-
» rassants et peu naturels, et on doit convenir que cette ma-
» nière de rendre le calcul plus rigoureux dans ses principes,
» lui fait perdre ses principaux avantages, la simplicité de la
» méthode et la facilité des opérations. »

La théorie des fonctions analytiques n'est peut-être pas elle-même exempte d'une partie de ces inconvénients ; c'est à ceux qui ont acquis l'habitude de s'en servir qu'il appartient d'en juger.

CONCLUSION GÉNÉRALE.

159. Les diverses méthodes dont nous avons donné l'idée dans cet écrit ne sont, à proprement parler, qu'une seule et même méthode présentée sous divers points de vue. C'est toujours la méthode d'exhaustion des anciens, plus ou moins simplifiée, plus ou moins heureusement appropriée aux besoins du calcul, et enfin réduite en un algorithme régulier.

Mais cet algorithme est d'une haute importance, il est pour la méthode d'exhaustion ce qu'est l'algèbre ordinaire pour la pure synthèse ; les anciens ne connaissaient que la synthèse et la méthode d'exhaustion, qui n'est elle-même qu'une branche de la synthèse : les modernes, en imaginant l'algèbre ordinaire et l'algorithme infinitésimal, se sont procuré des avantages immenses. C'est un instrument avec lequel ils abrégent et facilitent le travail de l'esprit, en le réduisant pour ainsi dire en travail mécanique. Les symboles algébriques ne sont pas seulement ce qu'est l'écriture à la pensée, un moyen de la peindre et de la fixer, ils réagissent sur la pensée même, ils la dirigent jusqu'à un certain point, et il suffit de les déplacer sur le papier, suivant certaines règles fort simples, pour arriver infailliblement à de nouvelles vérités.

160. Les symboles algébriques font plus : ils introduisent dans les combinaisons des formes purement imaginaires, des êtres fictifs qui ne peuvent exister ni même être compris, et qui cependant n'en sont pas moins utiles. On les emploie auxiliairement comme termes de comparaison, pour faciliter le rapprochement des véritables quantités dont on veut obtenir la relation, et on les élimine ensuite par des transformations qui ne sont elles-mêmes pour ainsi dire que l'ouvrage de la main.

Cet admirable instrument des sciences exactes n'a pu être que le produit des recherches accumulées des plus profonds génies et peut-être de quelques hasards heureux. Mais il ne faut pas perdre de vue que ce n'est qu'un instrument fait pour seconder les efforts de l'imagination et non pour en détendre les ressorts, c'est toujours un moyen indirect inventé pour suppléer à la faiblesse de notre esprit; on ne doit l'employer qu'à regret, et pour vaincre les difficultés ou généraliser les questions, et c'est un abus que d'y recourir sans aucun besoin, comme dans les premiers éléments des sciences, où il cause plus d'embarras qu'il ne jette de véritables lumières.

161. Bien loin d'employer l'analyse à établir les vérités élémentaires, nous devons les dégager de tout ce qui nous empêche de les apercevoir le plus distinctement possible, et de reconnaître le chemin qui y conduit. Ceux qui réussissent à nous faire voir presque intuitivement des résultats auxquels on n'était parvenu avant eux que par le secours d'une analyse compliquée, ne nous procurent-ils pas toujours autant de plaisir que de surprise? pourvu que ce ne soit jamais que d'une manière simple, et sans augmenter les difficultés.

162. Les principes de l'algèbre ordinaire sont beaucoup moins clairs et moins bien établis que ceux de l'analyse infinitésimale, en ce qui distingue celle-ci de la première (1); la métaphysique de la règle des signes, lorsqu'on veut l'approfondir, est bien autrement difficile que celle des quantités infiniment petites : jamais cette règle n'a été démontrée d'une manière satisfaisante; elle ne paraît pas même susceptible de l'être, et cependant elle sert de base à toute l'algèbre : que gagne-t-on donc à substituer celle-ci à l'analyse infinitésimale? puisque les procédés de la première sont d'ailleurs beaucoup plus compliqués que ceux de la seconde, pour les objets qui sont du ressort naturel de celle-ci.

Jamais l'expression analytique d'un objet ne peut être aussi nette que la perception immédiate de cet objet lui-même : c'est regarder dans un miroir ce qu'on peut voir directement. Cette expression analytique peut être embarrassée de formes imaginaires ou indiquer des opérations inexécutables : définir un objet sensible par de semblables expressions, c'est non-seulement employer inutilement un moyen indirect, mais

(1) *Voyez* la note qui a été mise à la suite de cet Ouvrage, parce qu'elle était trop longue pour être placée ici.

c'est représenter une chose claire d'elle-même par un symbole qui l'est beaucoup moins : je citerai à ce sujet un passage bien remarquable d'Euler, l'analyste par excellence du siècle dernier. (*Mémoires de l'Académie de Berlin*, année 1754.)

« Il y a des personnes, dit-il, qui prétendent que la géo-
» métrie et l'analyse ne demandent pas beaucoup de raison-
» nements ; ils s'imaginent que les règles que ces sciences
» nous prescrivent renferment déjà les connaissances néces-
» saires pour parvenir à la solution, et qu'on n'a qu'à exécuter
» les opérations conformément à ces règles, sans se mettre en
» peine des raisonnements sur lesquels ces règles sont fon-
» dées. Cette opinion, si elle était fondée, serait bien con-
» traire au sentiment presque général, où l'on regarde la géo-
» métrie et l'analyse comme les moyens les plus propres à
» cultiver l'esprit et à mettre en exercice la faculté de raison-
» ner. Quoique ces gens aient une teinture des mathémati-
» ques, il faut pourtant qu'ils se soient peu appliqués à la ré-
» solution des problèmes un peu difficiles ; car ils se seraient
» bientôt aperçus que la seule application des règles prescrites
» est d'un bien faible secours pour résoudre ces sortes de pro-
» blèmes, et qu'il faut auparavant examiner bien sérieusement
» toutes les circonstances du problème, et faire là-dessus quan-
» tité de raisonnements, avant qu'on puisse employer ces rè-
» gles, qui renferment le reste des raisonnements dont nous
» ne nous apercevons presque point en poursuivant le calcul.
» C'est cette préparation nécessaire avant que de recourir au cal-
» cul, qui exige très-souvent une plus longue suite de raison-
» nements que peut-être aucune autre science n'exige jamais ;
» et où l'on a ce grand avantage, qu'on peut s'assurer de leur
» justesse, pendant que dans les autres sciences on est souvent
» obligé de s'arrêter à des raisonnements peu convaincants.
» Mais aussi le calcul même, quoique l'analyse en prescrive
» les règles, doit partout être soutenu par un raisonnement
» solide, au défaut duquel on court risque de se tromper à
» tout moment. Le géomètre trouve donc partout occasion
» d'exercer son esprit par des raisonnements qui le doivent
» conduire dans la solution de tous les problèmes difficiles
» qu'il entreprend ; et à moins qu'il ne soit bien sur ses gardes,
» il est à craindre qu'il ne tombe sur des solutions fausses. »

163. La règle doit être, ce me semble, de prendre toujours la voie la plus simple, et à difficultés égales, de prendre la plus lumineuse : aucun moyen ne doit être exclusif. Ainsi, pour en revenir à notre objet, parmi les méthodes dont nous avons parlé, il faut, pour l'usage habituel, choisir celle qui mène en général au but, par la route la plus courte et la plus facile, mais sans rejeter aucune des autres, parce que ce sont d'abord en elles-mêmes de belles spéculations pour l'esprit, et ensuite parce qu'il n'y en a pas une peut-être qui ne puisse conduire à quelque vérité jusqu'alors inconnue, ou procurer dans certains cas un résultat inattendu, ou une solution plus élégante que toutes les autres.

164. Mais parmi toutes ces méthodes, qui ont leur origine commune dans la méthode d'exhaustion des anciens, quelle est celle qui offre le plus d'avantage pour l'usage habituel? Il me semble qu'il est généralement convenu que c'est l'analyse leibnitzienne.

Les travaux de Descartes, de Pascal, de Fermat, de Huyghens, de Barrow, de Roberval, de Wallis, de Newton surtout, prouvent que l'on touchait depuis longtemps à cette grande découverte, lorsqu'elle fut proclamée par Leibnitz; et je pense qu'il n'est aucun de ces illustres géomètres qui ne l'eût faite, s'il eût soupçonné qu'il y avait à cet égard une grande découverte à faire; c'est-à-dire qu'il n'y en a pas un d'entre eux qui n'eût trouvé un moyen pour réduire en algorithme la méthode d'exhaustion, si l'idée lui fût venue de la chercher, et qu'il eût prévu toute la fécondité dont pourrait être quelque jour un pareil moyen. Peut-être même que parmi les divers algorithmes créés par tant de génies originaux, il s'en serait trouvé quelques-uns qui eussent obtenu la préférence sur celui de Leibnitz, que l'habitude a consacré parmi nous, non moins que les précieux et immenses travaux qui sont aujourd'hui revêtus des formes de cet algorithme.

165. « On peut, dit Lagrange, regarder Fermat comme le » premier inventeur des nouveaux calculs.

» Barrow imagina de substituer aux quantités qui doivent » être supposées nulles suivant Fermat, des quantités réelles,

» mais infiniment petites, et il donna, en 1674, sa méthode des
» tangentes, où il considère la courbe comme un polygone
» d'une infinité de côtés; mais ce calcul n'était encore qu'ébau-
» ché, car il ne s'appliquait qu'aux expressions rationnelles.

» Il restait donc à trouver un algorithme simple et général,
» applicable à toutes sortes d'expressions, par lequel on pût
» passer directement et sans aucune réduction, des formules
» algébriques à leurs différentielles. C'est ce que Leibnitz a
» donné dix ans après. Il paraît que Newton était parvenu,
» dans le même temps ou un peu auparavant, aux mêmes abré-
» gés de calcul pour les différentiations. Mais c'est dans la for-
» mation des équations différentielles et dans leur intégration
» que consiste le grand mérite et la force principale des nou-
» veaux calculs; et sur ce point il me semble que la gloire de
» l'invention est presque uniquement due à Leibnitz, et sur-
» tout aux Bernoulli. »

166. Il paraîtrait bien difficile maintenant de quitter la route
qui nous a été ouverte par ces illustres géomètres, de se rom-
pre à une nouvelle manière de voir, à une nouvelle notation, à
de nouvelles locutions. Lagrange lui-même reconnaît, comme
nous l'avons déjà dit (157), que la méthode infinitésimale,
telle qu'on l'emploie aujourd'hui, est un moyen sûr d'abréviation et de simplification, et il a cru devoir les adopter dans la
nouvelle édition de sa *Mécanique analytique,* de préférence à
ceux qu'il venait de proposer lui-même dans sa *Théorie des
fonctions analytiques.* Il est donc à présumer qu'il n'a considéré ce dernier ouvrage que comme un cadre propre à rassem-
bler sous un même point de vue une multitude d'artifices
analytiques qu'il avait découverts dans le cours de ses travaux,
et afin d'avoir une occasion de développer méthodiquement
les prodigieuses ressources de son génie pour le calcul.

167. J'ai ouï dire plusieurs fois à ce profond penseur que le
véritable secret de l'analyse consistait dans l'art de saisir les
divers degrés d'indétermination dont la quantité est susceptible; idée dont je fus toujours pénétré, et qui m'a fait regarder la méthode des indéterminées de Descartes comme le plus
important des corollaires de la méthode d'exhaustion.

En effet, dans toutes les branches de l'analyse prise généralement, nous voyons que ses procédés sont toujours fondés sur les divers degrés d'indétermination des quantités qu'elle compare. Un nombre abstrait est moins déterminé qu'un nombre concret, parce que celui-ci spécifie non-seulement le combien du nombre, mais encore la qualité de l'objet soumis au calcul; les quantités algébriques sont plus indéterminées que les nombres abstraits, parce qu'elles ne spécifient pas même le combien : parmi ces dernières, les variables sont plus indéterminées que les constantes, parce que celles-ci sont considérées comme fixes pendant une plus longue période de calcul; les quantités infinitésimales sont plus indéterminées que les simples variables, parce qu'elles demeurent encore susceptibles de mutation, lors même qu'on est déjà convenu de considérer les autres comme fixes; enfin les variations sont plus indéterminées que les simples différentielles, parce que celles-ci sont assujetties à varier suivant une loi donnée, au lieu que la loi suivant laquelle on fait changer les autres est arbitraire. Rien ne termine cette échelle des divers degrés d'indétermination, et c'est précisément dans cet assemblage de quantités plus ou moins définies, plus ou moins arbitraires, qu'est le principe fécond de la méthode générale des indéterminées, dont le calcul infinitésimal n'est véritablement qu'une heureuse application.

Ces quantités, qui d'une part sont liées à l'état de la question, tandis que de l'autre on demeure libre de leur attribuer des valeurs plus ou moins grandes, ces quantités, dis-je, qui sont en quelque sorte semi-arbitraires, nous font sentir la nécessité de la distinction que nous avons établie entre les quantités désignées et les quantités non désignées : distinction qui n'est pas la même que celle qui existe entre les constantes et les variables; car les quantités désignées comprennent les constantes et les variables dont on cherche la relation ou qui sont des fonctions exclusives, c'est-à-dire toutes celles qui peuvent entrer dans le résultat du calcul, tandis que les quantités non désignées en sont nécessairement exclues. Celles-ci ne peuvent donc entrer que comme auxiliaires, elles ne servent qu'à rendre plus facile l'expression des conditions du problème, après quoi tous les soins du calculateur doivent se diriger vers leur élimination, qui est indispensable dans tous les cas, et qui annonce toujours, quand elle est faite, que ce calcul perd dès lors son premier caractère de calcul infinitésimal pour rentrer dans le domaine de l'algèbre ordinaire.

168. La méthode des limites ou des premières et dernières raisons ne dispense point de la distinction, au moins tacite, de ces quantités désignées et non désignées, car la limite d'une quantité n'est autre chose que le terme dont cette autre quantité est supposée s'approcher continuellement, jusqu'à en différer aussi peu qu'on le veut. Cette limite est donc considérée comme fixe, et par conséquent comme une quantité désignée, tandis que l'autre, pouvant s'approcher de cette limite autant qu'on le veut, reste toujours arbitraire ou non désignée, et ne peut entrer dans le résultat du calcul.

169. On voit par là que l'expression de limite n'est ni plus ni moins difficile à définir exactement que celle de quantité infiniment petite, et que par conséquent c'est une erreur de croire que la méthode des limites soit plus rigoureuse que celle de l'analyse infinitésimale ordinaire ; car pour procéder en rigueur par la méthode des limites, il faut préalablement définir ce que c'est qu'une limite : or la différence d'une quantité quelconque à sa limite est précisément ce qu'on nomme ou ce qu'on doit nommer une quantité infiniment petite ; l'une n'est donc pas plus difficile à comprendre que l'autre, et si la méthode des limites est exacte, comme on ne saurait en douter, il n'y a aucune raison pour que l'analyse infinitésimale ne le soit pas.

170. Mais celle-ci a sur la première de très-grands avantages, c'est que dans la méthode des limites on ne se permet point de faire entrer séparément dans le calcul ces quantités semi-arbitraires que nous appelons quantités non désignées, on n'y admet pas même leurs rapports, mais seulement les limites de ces rapports, lesquelles sont des quantités désignées. Par là on est privé des moyens de combinaison et de transformation que procure à l'analyse infinitésimale la faculté qu'elle se donne et qu'elle démontre avoir le droit de se donner, d'opérer isolément sur ces quantités auxiliaires, faculté qui constitue l'un des principaux avantages de son algorithme. L'analyse infinitésimale est donc un perfectionnement de la méthode des limites, c'est un usage plus étendu, plus hardi de la première, et qui n'en est ni moins exact ni moins lumineux.

171. Au reste, ce n'est pas dans l'exposé même des principes que peut se faire sentir l'avantage de la méthode infinitésimale sur toutes les autres. Toutes sont à peu près également claires dans leurs principes; mais il n'est pas également facile de les appliquer à des questions particulières. La principale difficulté est alors de mettre les problèmes en équation, ce qui, au contraire, est généralement très-facile dans la méthode infinitésimale, parce que dès qu'on se refuse à admettre franchement dans le calcul l'espèce de quantités que nous avons nommées infiniment petites, les moyens de comparaison se trouvent restreints; on est obligé de prendre des détours pour arriver au même but, et cette difficulté se fait bien moins sentir encore dans les phrases algébriques et dans les opérations quelconques que dans les propositions ou raisonnements qui les préparent ou qui suppléent à ces opérations. Un exemple suffira pour faire sentir à cet égard la supériorité de la méthode infinitésimale.

Proposons-nous d'énoncer le fameux principe des vitesses virtuelles. Le voici, d'après Lagrange, dans sa *Mécanique analytique :*

« *Si un système quelconque de tant de corps ou points que*
» *l'on veut, tirés chacun par des puissances quelconques, est*
» *en équilibre, et qu'on donne à ce système un petit mouve-*
» *ment quelconque, en vertu duquel chaque point parcourt un*
» *espace infiniment petit qui exprimera sa vitesse virtuelle, la*
» *somme des puissances multipliées chacune par l'espace que*
» *le point où elle est appliquée parcourt suivant la direction*
» *de cette même puissance, sera égale à zéro, en regardant*
» *comme positifs les petits espaces parcourus dans le sens des*
» *puissances, et comme négatifs les espaces parcourus dans un*
» *sens opposé.* »

Maintenant je demande comment ceux qui rejettent les expressions admises dans le calcul infinitésimal pourront énoncer cette proposition aussi clairement que nous venons de le

faire d'après le célèbre auteur de la *Mécanique analytique?*
Or, toutes les mathématiques ne sont, à proprement parler,
qu'une suite de locutions semblables; ce serait donc se jeter
dans des longueurs et des difficultés inextricables que de les
abandonner : il faudrait, pour s'y déterminer, qu'on pût craindre quelques erreurs dans les résultats. Or tout le monde convient que la méthode est infaillible dans ses résultats.

172. Il faut remarquer que dans les recherches mathématiques, c'est naturellement sur les quantités appelées infiniment
petites elles-mêmes que se fixe l'imagination, et non sur les
limites de leurs rapports. Si l'on me demande le volume d'un
corps terminé par une surface courbe, j'imagine réellement ce
volume partagé en un grand nombre de tranches ou même de
particules. Ce sont bien ces tranches ou ces particules elles-
mêmes que je considère, et non les divers rapports qu'elles
peuvent avoir entre elles, et encore moins les limites de ces
rapports. Mon imagination cherche un objet sensible; des formes purement algébriques ne lui offriraient rien que de vague.
La division du volume en tranches ou particules m'offre un tableau, éclaire mon esprit, le guide, et facilite la solution. Je
regarde l'une de ces particules comme l'élément de la quantité
totale, que je considère en effet comme la somme de tous ces
éléments : je cherche donc l'expression différentielle qui doit
représenter cette particule, en négligeant ce que les règles du
calcul m'autorisent à omettre. J'applique alors à cette expression différentielle les formules connues du calcul intégral, et
c'est ainsi que je parviens sans beaucoup de peine à résoudre
tel problème qui aurait peut-être résisté à tous les efforts de la
méthode d'exhaustion, ou de toute autre dans laquelle on ne
pourrait faire usage des moyens d'abréviation et de simplification que fournit la méthode infinitésimale.

173. Il est permis de considérer les quantités infiniment petites, ou comme de véritables quantités, ou comme absolument nulles; mais l'imagination s'accommode encore mieux,
ce me semble, de la méthode qui considère les objets comme
effectifs, que de celle qui les regarde comme réduits à zéro. La
loi de continuité même, qui seule peut fixer dans chaque cas

la valeur de chacune des fractions $\frac{o}{o}$, lesquelles sans cela res-
teraient indéterminées, oblige à les comparer avant qu'elles
s'évanouissent entièrement. D'ailleurs toutes ces quantités
doivent être éliminées, et peuvent l'être sans leur attribuer
aucune valeur déterminée : c'est donc au moins une chose su-
perflue que de les supposer égales à zéro ; c'est particulariser
la question quand on peut s'en dispenser, et par conséquent
c'est la résoudre d'une manière moins élégante.

174. Le mérite essentiel, le sublime, on peut le dire, de la
méthode infinitésimale, est de réunir la facilité des procédés
ordinaires d'un simple calcul d'approximation à l'exactitude
des résultats de l'analyse ordinaire. Cet avantage immense serait perdu, ou du moins fort diminué, si à cette méthode pure
et simple, telle que nous l'a donnée Leibnitz, on voulait, sous
l'apparence d'une plus grande rigueur soutenue dans tout le
cours du calcul, en substituer d'autres moins naturelles, moins
commodes, moins conformes à la marche probable des inven-
teurs. Si cette méthode est exacte dans les résultats, comme
personne n'en doute aujourd'hui, si c'est toujours à elle qu'il
faut en revenir dans les questions difficiles, comme il paraît
encore que tout le monde en convient, pourquoi recourir à
des moyens détournés et compliqués pour la suppléer? Pourquoi se contenter de l'appuyer sur des inductions et sur la
conformité de ses résultats avec ceux que fournissent les autres méthodes, lorsqu'on peut la démontrer directement et
généralement, plus facilement peut-être qu'aucune de ces
méthodes elles-mêmes? Les objections que l'on a faites contre
elle portent toutes sur cette fausse supposition, que les erreurs
commises dans le cours du calcul, en y négligeant les quantités infiniment petites, sont demeurées dans le résultat de ce
calcul, quelque petites qu'on les suppose; or c'est ce qui n'est
point : l'élimination les emporte toutes nécessairement, et il
est singulier qu'on n'ait pas aperçu d'abord dans cette condition indispensable de l'élimination le véritable caractère des
quantités infinitésimales et la réponse dirimante à toutes les
objections.

NOTE RELATIVE AU N° 162.

1. Il y a une analogie remarquable entre la théorie des quantités négatives isolées et celle des quantités infinitésimales, en ce que les unes et les autres ne sauraient jamais être employées qu'auxiliairement, et qu'elles doivent nécessairement disparaître des résultats du calcul, pour que ces résultats deviennent parfaitement exacts et intelligibles : jusqu'alors ce ne sont que des formes algébriques plus ou moins implicites, et qui ne sont susceptibles d'aucune application immédiate.

2. Il paraît beaucoup plus difficile d'expliquer nettement ce qu'est une quantité négative isolée, que de comprendre ce qu'est une quantité infinitésimale ; car celle-ci, comme on l'a vu, est une quantité effective, au lieu que l'autre est un être de raison, puisqu'on ne pourrait l'obtenir que par une opération inexécutable.

3. Avancer qu'une quantité négative isolée est moindre que o, c'est couvrir la science des mathématiques, qui doit être celle de l'évidence, d'un nuage impénétrable, et s'engager dans un labyrinthe de paradoxes tous plus bizarres les uns que les autres : dire que ce n'est qu'une quantité opposée aux quantités positives, c'est ne rien dire du tout ; parce qu'il faut expliquer ensuite ce que c'est que ces quantités opposées, recourir pour cette explication à de nouvelles idées premières semblables à celles de la matière, du temps et de l'espace, c'est déclarer qu'on regarde la difficulté comme insoluble, et c'est en faire naître de nouvelles, car si l'on me donne pour exemple de quantités opposées un mouvement vers l'orient et un mouvement vers l'occident, ou un mouvement vers le nord et un mouvement vers le sud, je demanderai ce que c'est qu'un mouvement vers le nord-est, vers le nord-ouest, vers

le sud-sud-ouest, etc., et de quels signes ces quantités devront être affectées dans le calcul?

La ressource des idées premières est sans doute commode pour éluder les difficultés, mais elle est peu philosophique lorsqu'elle n'est pas indispensable. La métaphysique des sciences peut ne pas contribuer beaucoup au progrès des méthodes, mais il y a des personnes qui s'en font une étude favorite, et c'est pour elles que j'ai composé cet opuscule. On pourrait également renvoyer la notion de l'infini mathématique aux idées premières, et les calculs fondés sur cette notion n'en seraient pas moins susceptibles de toutes les applications qu'on en fait : cependant, dit d'Alembert, « cette métaphysique, dont » on a tant écrit, est encore plus importante et peut-être plus » difficile à développer que les règles mêmes de ce calcul. » Il me semble qu'on peut dire la même chose des quantités négatives isolées, et l'on peut en juger par les discussions dont elles ont été l'objet parmi les plus célèbres géomètres.

4. J'ai développé ailleurs ce qui m'a paru être la véritable théorie de ces sortes de quantités, et cette théorie a reçu un accueil favorable parmi les savants. La seule objection que je sache y avoir été faite, est qu'elle peut paraître moins simple dans la pratique que celle qui était généralement adoptée. Cet inconvénient, je l'avoue, serait considérable s'il existait ; mais comme je crois que c'est tout le contraire, je vais tâcher de résumer ici cette théorie le plus brièvement possible.

PRINCIPE FONDAMENTAL.

5. *Toute valeur négative trouvée pour une inconnue par la résolution d'une équation, exprime, abstraction faite du signe de cette valeur, la différence de deux autres quantités, dont la plus grande a été prise pour la plus petite, et la plus petite pour la plus grande, dans l'expression des conditions du problème.*

Dém. Pour mettre un problème en équations, on commence toujours par procéder comme dans la synthèse, c'est-à-dire que toutes les quantités sur lesquelles on établit le raisonnement sont considérées comme absolues. Donc si la solution du problème est possible, et qu'on n'ait point fait de fausses suppositions, on doit aussi trouver pour chaque quantité une valeur absolue. Donc si au contraire on ne trouve qu'une valeur négative ou imaginaire, on peut déjà conclure qu'il se trouve nécessairement quelque incompatibilité entre les conditions du problème et les hypothèses sur lesquelles le calcul est établi.

Maintenant pour connaître en quoi consistent ces fausses suppositions qu'on peut avoir faites, je nomme x l'inconnue pour laquelle on a trouvé une valeur négative, et je suppose que cette valeur négative soit $-p$, on a donc trouvé $x = -p$, équation dans laquelle p est une quantité absolue : soit cette quantité absolue $p = m - n$, m et n étant aussi des quantités absolues. Nous aurons par conséquent $m > n$; mais, puisqu'au contraire dans la mise en équation on a considéré x comme une quantité absolue, on a donc aussi supposé que sa valeur $-p$ était une quantité absolue, c'est-à-dire qu'on a regardé $-(m - n)$ ou $(n - m)$ comme une quantité absolue. On a donc supposé $n > m$, tandis qu'au contraire on a réellement, comme on l'a vu ci-dessus, $m > n$. Donc la fausse supposition qui a été faite consiste en ce que des deux quantités m, n, dont p est la différence, la plus grande m a été prise pour la plus petite et la plus petite pour la plus grande : et puisque cette quantité absolue p n'est autre chose que la valeur $-p$ trouvée pour l'inconnue, en faisant abstraction du signe, il s'ensuit que *toute valeur négative, etc.; ce qu'il fallait démontrer.*

6. On ne peut pas dire précisément que l'équation $x = -p$ soit fausse, puisqu'elle exprime exactement les conditions proposées et les hypothèses sur lesquelles le calcul est établi; mais ce sont ces conditions elles-mêmes ou ces hypothèses qui, étant contradictoires entre elles, empêchent que le resultat du calcul ne puisse avoir lieu sans modifications. Il s'agit donc de trouver quelles sont les modifications propres à rendre ce résultat explicite, sans en altérer l'exactitude, c'est-à-dire propres à le dégager des quantités inintelligibles qu'il contient ou des opérations inexécutables qu'il indique. Or pour cela il y a deux corrections à faire : la première consiste à changer le signe de l'inconnue dans les expressions algébriques qui la contiennent, afin que sa valeur dans l'équation finale devienne

positive : la seconde est de faire aux conditions et hypothèses sur lesquelles le calcul est établi, un changement analogue, afin que les expressions algébriques se trouvent être toujours exactement la traduction de ces conditions et hypothèses : c'est sur quoi il n'y a pas plus de règles à donner que sur la manière de mettre un problème en équations : mais avec un peu d'habitude on aperçoit pour l'ordinaire très-facilement quel doit être le résultat de ces modifications, et l'on se borne à faire la correction nécessaire dans la solution indiquée par l'équation finale, sans prendre la peine de recommencer le calcul : c'est ce qu'on appelle *prendre les valeurs négatives en sens contraire des valeurs positives ; ou prendre l'inconnue dans un sens contraire à celui qu'on lui avait attribué dans l'expression des conditions du problème.* La nouvelle théorie ne change absolument rien à cet égard aux anciens procédés ; elle ne fait qu'en rendre raison et en démontrer l'exactitude.

7. Supposons, par exemple, que, voulant connaître quelle est la valeur d'un gain présumé, on ait représenté ce gain par x, et qu'on ait trouvé pour équation finale

$$x = -p\,;$$

tout le monde en conclut, sans hésiter, qu'au lieu d'un gain présumé, il y a une perte réelle qui est égale à p. Mais il s'agit de le démontrer. Or, d'après les principes exposés ci-dessus, voici comment je raisonne.

Puisque x est un gain présumé, si je nomme m la fortune du joueur après l'événement de ce gain, et n sa fortune avant l'événement, le problème aura été mis en équation dans l'hypothèse qu'on avait

$$x = m - n,$$

et par conséquent $m > n$; donc, puisqu'on a trouvé

$$x = -p,$$

on a supposé aussi

$$m - n = -p \quad \text{ou} \quad n - m = p,$$

donc p étant une quantité absolue, on a supposé $n > m$. On a donc supposé d'une part $m > n$, et de l'autre $n > m$; donc on a fait tout ensemble deux hypothèses contradictoires.

Mais puisque n est la fortune du joueur avant l'événement et m après, le résultat du calcul qui donne $n > m$ annonce que le joueur a perdu au lieu de gagner, c'est-à-dire que pour re-dresser l'hypothèse sur laquelle le calcul était établi, il faut regarder x comme représentant une perte et non un gain, et pour ne pas altérer par là l'exactitude du calcul, il faut en même temps changer le signe, ce qui donnera alors

$$-x = -p \quad \text{ou} \quad x = p.$$

8. Ce raisonnement peut s'appliquer à tout autre cas, mais il n'est pas nécessaire de le répéter à chaque fois, de même qu'il n'est pas nécessaire de répéter la démonstration d'une proposition quelconque chaque fois qu'on en fait usage, il suffit qu'on puisse la donner au besoin ; de même il suffit d'avoir établi le principe fondamental, pour demeurer con-vaincu qu'il est plus qu'inutile de recourir à des assertions aussi étranges que celle de dire, par exemple, qu'une perte est un gain négatif ; ce n'est pas parce qu'une perte est un gain négatif qu'il a fallu substituer $-x$ à x et changer en même temps la dénomination de gain en celle de perte ; mais unique-ment parce qu'on s'était trompé dans la mise en équation, en appelant gain ce qui était perte. Il a donc fallu rétablir la véri-table dénomination, et rectifier en même temps la fausse con-séquence qu'on avait tirée de la première supposition.

On peut bien, dans la conversation, dire qu'une perte est un gain négatif, parce que les expressions figurées y sont admises ; mais elles sont absolument inintelligibles en mathématiques. Supposons que des joueurs assis autour d'une table soient con-venus que le dixième du profit sera mis dans un tronc pour les pauvres : ne rirait-on pas de celui qui à la fin du jeu viendrait réclamer 100 écus sur le tronc, sous prétexte qu'ayant fait un gain négatif de 1000 écus, il doit retirer du tronc autant qu'il y aurait mis si son gain eût été positif? Ne lui dirait-on pas : nous comprenons tous que vous avez perdu 1000 écus, et nous en sommes fâchés pour vous, mais il n'en faut pas moins que vos 100 écus restent dans le tronc, parce que votre langage, tout clair qu'il est pour dépeindre votre aventure, n'est pas celui dont on se sert quand il s'agit de compter? dans le calcul il faut appeler chaque chose par son nom.

9. Maintenant pour généraliser cette doctrine, concevons un système quelconque variable de quantités. Supposons que les rapports ou relations quelconques qui existent entre ces quantités soient exprimées par des formules explicites, c'est-à-dire qui ne renferment que des quantités absolues et des opérations immédiatement exécutables.

Soient m et n deux quelconques de ces quantités, dont l'une au moins soit supposée variable, et que ces deux quantités, par l'effet des changements qu'éprouve le système, deviennent alternativement chacune la plus grande des deux; supposons enfin que les formules demeurent les mêmes pour toutes les valeurs qu'on attribuera aux deux quantités m et n; cela posé, je nomme p la différence variable de ces deux quantités m, n, c'est-à-dire la plus grande moins la plus petite. Puisque par hypothèse m, n, sont des quantités absolues, et qu'elles deviennent alternativement chacune plus grande que l'autre, il suit que la quantité p sera aussi toujours une quantité absolue, et que l'on aura tantôt $p = m - n$, et tantôt $p = n - m$, suivant qu'on aura $m > n$ ou $n > m$.

Représentons par p' la quantité p pour le cas où on a $m > n$, et par p'' pour le cas où l'on a $n > m$: cela posé, les valeurs de p' sont toutes appelées *directes* les unes à l'égard des autres, aussi bien que toutes les valeurs de p'' entre elles; mais les valeurs de p' sont dites *inverses* à l'égard des valeurs de p'', et réciproquement.

Ces quantités n'en sont pas moins toutes des quantités absolues, puisqu'elles n'expriment jamais que la plus grande des deux quantités absolues m, n, moins la plus petite; mais elles ne sauraient avoir lieu simultanément, et elles se rapportent à différents états consécutifs du système.

Maintenant considérons ce système dans un état quelconque, et que dans les formules qui s'y rapportent se trouve la quantité p'. Voyons comment je pourrais en éliminer cette quantité p', et y faire entrer à sa place la quantité p'' inverse à l'égard de l'autre.

Je commence par mettre au lieu de p' la quantité $(m - n)$ qui lui est égale : ensuite j'observe que les formules s'appliquent par hypothèse à toutes les valeurs qui doivent être attribuées à m et à n, lesquelles peuvent devenir alternativement chacune plus grande que l'autre; je puis donc supposer que le systèmè change de manière que n devienne plus grande que m, sans que ces formules entre m et n cessent d'avoir lieu. Supposons donc en effet $n > m$; $m - n$ devient une quantité inintelligible, je la mets sous cette forme $-(n-m)$, et puisque nous avons alors $(n-m) = p''$, nous aurons $-p'$ à substituer à $-(n-m)$ qui avait elle-même été substituée à $(m-n)$, et celle-ci à p'. Donc le tout se réduit à substituer immédiatement $-p''$ au lieu de p', ou, ce qui revient au même, il n'y a qu'à mettre partout p, et lorsqu'on voudra passer d'un état du système à l'autre, il faudra, 1° changer le signe de cette quantité absolue; 2° lui attribuer en même temps la signification d'une quantité inverse relativement à celle qu'on lui avait attribuée d'abord : opération semblable à celle que nous avons indiquée ci-dessus pour le gain et la perte. De là nous pouvons conclure ce principe général :

10. *Toutes les fois qu'on veut passer d'un état quelconque du système à un autre, et rendre immédiatement applicables à celui-ci les formules qui étaient immédiatement applicables au premier, il faut changer le signe de toutes les quantités qui se trouvent respectivement inverses, de l'un à l'autre de ces états différents du même système.*

Et réciproquement :

Si dans les formules qui sont immédiatement applicables à un état quelconque du système, on vient à changer le signe d'une ou de plusieurs des quantités qui y entrent, les formules ainsi modifiées n'appartiendront plus au même état de système, mais à un autre, dont les quantités qui ont été changées de signe se trouvent respectivement inverses, à l'égard de leurs correspondantes dans le premier état du système.

11. Si l'on ne changeait pas le signe des quantités qui, dans le nouvel état du système, se trouvent inverses à l'égard de leurs correspondantes dans le premier, il est évident qu'en tirant leurs valeurs par la résolution des équations, ces valeurs seraient négatives, parce qu'elles porteraient partout le signe contraire à celui qu'elles doivent avoir; c'est ce qui fait que l'on exprime ordinairement cet état de choses, en disant que

ces quantités deviennent négatives : mais cette expression est
très-impropre, et capable d'induire en erreur, car ce ne sont
point ces quantités elles-mêmes qui deviennent négatives,
mais ce sont seulement les valeurs que leur assignent les équations. Or ces valeurs sont fausses, les véritables valeurs sont
celles qui n'ont lieu que quand le changement de signe est
fait ; jusque-là l'opération n'est pas complète, les quantités appartiennent au nouvel état du système quant à leurs valeurs
absolues, et à l'ancien quant aux signes dont elles sont affectées.

Il ne faut donc point perdre de vue que les quantités dites
inverses ne le sont jamais que respectivement d'un état à l'autre du même système ; que ce ne sont jamais que des quantités
absolues, qui se trouvent tantôt positives, tantôt négatives,
suivant les transformations que l'on fait subir aux équations
où elles se trouvent ; et qu'enfin aucune quantité n'est négative par sa nature, mais seulement par le signe qui la précède
transitoirement dans les expressions algébriques. Le signe
plus marque l'addition, le signe *moins* marque la soustraction,
rien au delà ; tout autre emploi de ces signes n'est que l'effet
d'une transformation algébrique, qui ne s'admet dans le calcul
que par induction.

12. C'est l'habitude du calcul qui apprend à discerner tout
de suite les quantités qui deviennent inverses, en passant d'un
état à l'autre du système, et qui par conséquent doivent changer de signe lorsqu'on veut rendre immédiatement applicable
à ce second état du système les formules qui ne se rappor-
taient explicitement qu'au premier. Tout le monde, par exemple, aperçoit que quand on veut appliquer les formules trouvées pour le cosinus d'un arc moindre que le quart de la
circonférence, au cosinus d'un arc plus grand que le quart
et moindre que les trois quarts, il faut en changer le signe :
mais ce n'est pas, comme on le suppose ordinairement, que
ce cosinus devienne négatif ; il peut être tantôt négatif et tantôt
positif, suivant qu'on le fera passer d'un membre de l'équation à l'autre, où il pourra se trouver ; mais par lui-même, c'est
toujours une quantité absolue, et c'est pour cette raison même
qu'il faut changer le signe qu'il avait dans les formules du

système primitif, c'est-à-dire du premier quart de circonférence sur lequel les raisonnements ont été établis. Autrement
ces formules, qui étaient exactes pour ce premier quadrans,
ne le seraient pas pour le second, comme cela se prouve évidemment en cherchant directement par la synthèse les formules
relatives à ce second quadrans.

En supposant d'une part, comme on le fait ordinairement,
que les formules immédiatement applicables aux angles aigus
le sont également aux angles obtus, et de l'autre, que le cosinus des angles obtus est négatif, on fait tout à la fois deux
fausses suppositions; mais ces fausses suppositions se corrigent
l'une par l'autre : car si l'on nomme a l'angle aigu, on aura
$\cos a = 1 - \sin$ verse a; ainsi, en supposant que la même formule s'applique à l'angle obtus, on suppose également que le
cosinus de celui-ci est $1 - \sin$ verse a, tandis qu'au contraire
il est réellement $\sin$ verse $a - 1$. On met donc dans le calcul
$1 - \sin$ verse a au lieu de $\sin$ verse $a - 1$, ou $1 - \sin$ verse a
au lieu de $- (1 - \sin$ verse $a)$, ou $\cos a$ au lieu de $- \cos a$.

Mais, comme, en vertu de la seconde supposition, le cosinus
d'un angle obtus est regardé comme négatif, c'est-à-dire comme
devant changer de signe dans le résultat du calcul, on remet
dans ce résultat $- \cos a$ au lieu de $\cos a$. De sorte que par les
deux opérations successives on met d'abord $\cos a$ au lieu de
$- \cos a$, et ensuite $- \cos a$ au lieu de $\cos a$, ce qui revient au
même que si l'on n'avait rien changé. Mais on y a trouvé ainsi
l'avantage de n'employer dans le cours du calcul qu'une même
formule pour l'angle aigu et pour l'angle obtus.

13. De même pour les courbes, en regardant comme immédiatement applicable aux quatre régions l'équation qui n'est
immédiatement applicable qu'à une seule, on fait dans le
cours du calcul une fausse supposition, mais on corrige cette
fausse supposition dans le résultat de ce calcul, en y regardant
comme négatives, c'est-à-dire comme portant le signe contraire à celui qu'elles devraient avoir, les coordonnées qui se
trouvent, par rapport à leur axe, du côté opposé à celui pour
lequel l'équation se trouvait en effet immédiatement applicable.

Tout cela se prouve facilement par la transformation des
coordonnées, mais il est inutile de recommencer à chaque fois

10

les raisonnements qui établissent cette espèce de compensation produite par des hypothèses qui se corrigent l'une par l'autre. Il faut considérer ces hypothèses comme des moyens ingénieux de donner aux questions plus de généralité en réunissant sous une même formule tous les problèmes du même genre, ou qui, sans être absolument identiques, ont cependant assez de connexion entre eux pour qu'on puisse passer de l'une à l'autre par de simples modifications dans les signes.

14. On connaît, par exemple, la formule

$$\cos(a+b) = \cos a \cos b - \sin a \sin b; \dots \text{(A)}$$

mais cette formule ne se rapporte immédiatement qu'au cas où les trois arcs a, b, $a+b$, sont tous moindres que le quart de la circonférence; car si on voulait l'appliquer immédiatement et sans modification aux arcs plus grands, on se tromperait, ainsi que l'on peut s'en convaincre facilement, en cherchant directement par la synthèse les formules propres aux différents cas. Or voici ce que l'on fait pour étendre cette formule à tous les cas. On la considère comme générale en effet pendant tout le cours du calcul, ce qui est une fausse supposition; mais pour corriger dans le résultat l'effet de cette fausse supposition, on y regarde comme négatifs les cosinus des arcs plus grands que le quart de circonférence, et moins grands que les trois quarts, c'est-à-dire comme devant changer de signe pour le second et le troisième quadrans, et quant aux sinus, on les regarde comme négatifs, c'est-à-dire comme devant changer de signe pour le troisième et le quatrième quadrans; ce qui ramène dans chaque cas la formule à ce qu'elle doit être, c'est-à-dire à ce qu'elle serait réellement si on l'avait cherchée directement par la synthèse. Ainsi, par exemple, si, a et b restant chacun moindre que le quart de circonférence, $a+b$ est cependant plus grand, il faudra donner le signe négatif à

$$\cos(a+b),$$

et la formule deviendra

$$-\cos(a+b) = \cos a \cos b - \sin a \sin b,$$

où

$$\cos(a+b) = \sin a \sin b - \cos a \cos b; \dots \text{(B)}$$

formule qui est en effet celle que l'on trouve directement dans ce cas par la synthèse.

Représentons en général par siv et cov le sinus verse et le cosinus verse d'un arc quelconque ; on aura pour l'équation du cercle

$$(1 + \text{siv})^2 + (1 - \text{cov})^2 = 1;$$

et cette équation s'applique immédiatement à tous les points de la circonférence : nous pouvons donc nous en servir pour donner à la formule (A) trouvée ci-dessus, toute la généralité dont elle est susceptible. Car si on élimine les sinus et les cosinus pour y faire entrer les sinus verse et cosinus verse, on aura

$$1 - \text{siv}(a+b) = (1 - \text{siv}\,a)(1 - \text{siv}\,b) - (1 - \text{cov}\,a)(1 - \text{cov}\,b), \ldots \ (C)$$

formule qui est immédiatement applicable aux quatre régions de la circonférence, sans aucune modification.

Pour le premier quadrans, comme on a

$$\text{siv}(a+b) < 1, \ \text{siv}\,a < 1, \ \text{siv}\,b < 1, \text{cov}\,a < 1, \ \text{cov}\,b < 1,$$

la formule entre les sinus et cosinus redeviendra la formule (A) elle-même. Pour le second quadrans, en supposant $(a+b)$ plus grand que le quart de circonférence, mais a et b chacun moindre, on aura

$$\text{siv}(a+b) > 1, \ \text{siv}\,a < 1, \ \text{siv}\,b < 1, \text{etc.};$$

donc la formule deviendra

$$-[\text{siv}(a+b) - 1] = (1 - \text{siv}\,a)(1 - \text{siv}\,b) - (1 - \text{cov}\,a)(1 - \text{cov}\,b),$$

ou, en rétablissant les sinus et cosinus, et réduisant,

$$\cos(a+b) = \sin a \sin b - \cos a \cos b;$$

équation conforme à la formule (B).

On doit donc regarder les formules (A) et (B) comme relatives à des cas particuliers et comme dérivées d'une même formule générale qui les comprend toutes ; c'est la formule (C), et lorsque dans l'usage habituel on emploie l'une de ces formules particulières, telles que (A) comme générale, on ne doit point oublier qu'elle ne fait réellement que représenter cette formule générale, jusqu'à ce que le moment soit venu d'y faire les modifications convenables, mais que ce n'est pas la formule générale elle-même, puisque, si c'était elle, il n'y aurait besoin d'aucune modification.

15. Pour juger facilement quelles doivent être les modifications qui doivent avoir lieu dans chaque cas particulier, lorsqu'on n'emploie pas la formule générale, nous formerons le tableau suivant, qui contient les valeurs absolues de toutes les quantités angulaires relatives aux quatre régions du cercle, toutes exprimées en valeurs des sinus et cosinus verses.

PREMIER QUADRANS.	SECOND QUADRANS.	TROISIÈME QUADRANS.	QUATRIÈME QUADRANS.
$\sin a = 1 - \operatorname{cov} a \ldots$	$\sin a = 1 - \operatorname{cov} a \ldots$	$\sin a = \operatorname{cov} a - 1 \ldots$	$\sin a = \operatorname{cov} a - 1$
$\cos a = 1 - \operatorname{siv} a \ldots$	$\cos a = \operatorname{siv} a - 1 \ldots$	$\cos a = \operatorname{siv} a - 1 \ldots$	$\cos a = 1 - \operatorname{siv} a$
$\operatorname{tang} a = \dfrac{1 - \operatorname{cov} a}{1 - \operatorname{siv} a} \ldots$	$\operatorname{tang} a = \dfrac{1 - \operatorname{cov} a}{\operatorname{siv} a - 1} \ldots$	$\operatorname{tang} a = \dfrac{\operatorname{cov} a - 1}{\operatorname{siv} a - 1} \ldots$	$\operatorname{tang} a = \dfrac{\operatorname{cov} a - 1}{1 - \operatorname{siv} a}$
$\cot a = \dfrac{1 - \operatorname{siv} a}{1 - \operatorname{cov} a} \ldots$	$\cot a = \dfrac{\operatorname{siv} a - 1}{1 - \operatorname{cov} a} \ldots$	$\cot a = \dfrac{\operatorname{siv} a - 1}{\operatorname{cov} a - 1} \ldots$	$\cot a = \dfrac{1 - \operatorname{siv} a}{\operatorname{cov} a - 1}$
$\operatorname{séc} a = \dfrac{1}{1 - \operatorname{siv} a} \ldots$	$\operatorname{séc} a = \dfrac{1}{\operatorname{siv} a - 1} \ldots$	$\operatorname{séc} a = \dfrac{1}{\operatorname{siv} a - 1} \ldots$	$\operatorname{séc} a = \dfrac{1}{1 - \operatorname{siv} a}$
$\operatorname{coséc} a = \dfrac{1}{1 - \operatorname{cov} a} \ldots$	$\operatorname{coséc} a = \dfrac{1}{1 - \operatorname{cov} a} \ldots$	$\operatorname{coséc} a = \dfrac{1}{\operatorname{cov} a - 1} \ldots$	$\operatorname{coséc} a = \dfrac{1}{\operatorname{cov} a - 1}$

16. Ce tableau, dont la formation est évidente, indique tout de suite la modification qui doit être faite à chacune des formules qui se trouvent immédiatement applicables à un état quelconque du système pour les rendre immédiatement applicables à un autre : par exemple, en prenant pour terme de comparaison les formules relatives au premier quadrans, comme on le fait ordinairement. Nous y trouvons

$$\cos a = 1 - \operatorname{siv} a,$$

et pour le second quadrans nous trouvons

$$\cos a = \operatorname{siv} a - 1 \, ;$$

donc dans le second quadrans le cosinus est inverse à l'égard de ce qu'il est dans le premier quadrans. Donc, suivant le principe général, pour rendre immédiatement applicables au second quadrans les formules qui se trouvent immédiatement applicables au premier, il faut y changer le signe du cosinus.

Comme dans ce second quadrans on a

$$\cos a = \operatorname{siv} a - 1 \quad \text{ou} \quad \cos a = -(1 - \operatorname{siv} a),$$

tandis que dans le premier on a au contraire

$$\cos a = (1 - \operatorname{siv} a),$$

on est dans l'usage d'exprimer cette corrélation des deux cosinus, en disant que le cosinus devient négatif dans le second quadrans ; mais c'est une expression impropre, comme nous l'avons déjà remarqué : le cosinus n'est négatif, ni dans le premier, ni dans le second quadrans, ni dans aucun autre ; pour qu'il fût négatif dans le second quadrans, par exemple, il faudrait que sa valeur, qui est alors, comme on vient de le voir,

$$-(1 - \operatorname{siv} a),$$

fût réellement négative comme elle en a l'apparence ; mais comme dans ce second quadrans on a

$$\operatorname{siv} a > 1,$$

il suit que

$$(1 - \operatorname{siv} a)$$

est elle-même une quantité négative, et que par conséquent

$$ -(1 - \text{siv } a) $$

redevient une quantité positive.

17. Pour donner encore un exemple de l'usage de ce tableau, je chercherai comment on doit modifier les formules du premier quadrans pour les rendre immédiatement applicables au troisième, en supposant que la sécante s'y trouve.

Je vois que dans le premier quadrans on a

$$ \text{séc } a = \frac{1}{1 - \text{siv } a}, $$

et dans le troisième,

$$ \text{séc } a = \frac{1}{\text{siv } a - 1}. $$

Or, pour ramener cette dernière équation à la même forme que la première, il faudrait changer le signe ; j'en conclus que la sécante du troisième quadrans est inverse à l'égard de celle du premier, et qu'il faut par conséquent changer en effet le signe dans les formules. Pour nous en convaincre, multiplions dans l'équation

$$ \text{séc } a = \frac{1}{1 - \text{siv } a}, $$

du premier quadrans, le numérateur et le dénominateur de la fraction, par le dénominateur

$$ 1 - \text{siv } a, $$

et nous aurons

$$ \text{séc } a = \frac{1}{(1 - \text{siv } a)^2} - \frac{\text{siv } a}{(1 - \text{siv } a)^2}. $$

Faisons la même transformation sur la formule

$$ \text{séc } a = \frac{1}{\text{siv } a - 1} $$

du troisième quadrans, et nous aurons

$$ \text{séc } a = \frac{\text{siv } a}{(\text{siv } a - 1)^2} - \frac{1}{(\text{siv } a - 1)^2}; $$

mais (siv a — 1)² est la même chose que $(1 - \text{siv } a)^2$, donc les valeurs de séc a dans le premier et le troisième quadrans sont les différences des mêmes variables

$$\frac{1}{(1-\text{siv } a)^2} \quad \text{et} \quad \frac{\text{siv } a}{(1-\text{siv } a)^2},$$

prises dans des sens inverses; d'où il suit que les sécantes du premier et du troisième quadrans, quoiqu'elles se confondent, tant pour leur grandeur que pour leur direction, n'en sont pas moins des quantités opposées, dans le sens que les analystes attachent à ce mot: ce qui prouve que ce mot ne présente pas toujours à l'esprit une idée bien claire, et que ces quantités opposées ne sont autre chose que les quantités respectivement inverses que nous avons définies d'une manière claire et précise (9).

18. Il faut pourtant convenir que, sauf quelques exceptions assez rares, il est facile de reconnaître les quantités qui deviennent *inverses,* ou, comme on le dit improprement, *négatives,* chaque fois qu'on passe d'un état à l'autre du système et par conséquent celles qui doivent changer de signe. Mais ordinairement on n'exécute point ces changemens de signe à chaque mutation de l'état du système; on les laisse subsister pendant tout le cours du calcul, tels qu'ils seraient si l'on n'était pas sorti du système primitif, c'est-à-dire de l'état sur lequel les raisonnemens ont été établis pour la mise en équation, et que l'on prend pour le terme de comparaison auquel on rapporte tous les autres : on se réserve donc de faire, dans le résultat même, les changemens qui se trouvent nécessaires. Cette manière de procéder est ce qui distingue essentiellement l'analyse de la synthèse. Celle-ci n'admet jamais dans le calcul que des formes explicites, c'est-à-dire des quantités absolues et des opérations immédiatement exécutables. D'où il suit qu'à mesure que l'état du système change, il faut qu'elle modifie ses formules d'une manière analogue, afin qu'elles ne cessent jamais d'être le tableau fidèle de ce système qu'elle suit dans toutes ses mutations. L'analyse, au contraire, part d'un état déterminé du système; cet état déterminé est le système primitif qu'elle prend pour terme de comparaison, et sur

lequel elle établit son raisonnement dans l'expression des conditions du problème. Dans ce raisonnement pour la mise en
équation, elle procède absolument comme la synthèse, c'est-
à-dire en considérant toutes les quantités comme absolues, et
n'employant les signes *plus* et *moins* que pour indiquer des ad-
ditions et des soustractions réelles. Mais ensuite, au lieu de
modifier comme la synthèse ses formules primitives à mesure
qu'elle passe d'un état à l'autre du système, elle regarde ces
formules primitives comme appartenant sans distinction à tous
les états successifs du système. Par ce moyen elle se dispense
d'examiner séparément chacun des cas particuliers, laissant au
calcul lui-même le soin de redresser l'effet des fausses hypothèses, et renvoyant à la fin du calcul les modifications qui
pourront se trouver encore nécessaires alors. La synthèse ne
s'occupe donc que des quantités absolues et des opérations
immédiatement exécutables qui peuvent satisfaire aux équations proposées; tandis que l'analyse considère toutes les
formes algébriques qui peuvent satisfaire aux équations trouvées. Mais elle fait disparaître ensuite les formes négatives et
imaginaires, en les soumettant aux transformations ordinaires
de l'algèbre, comme si c'étaient de véritables quantités, et ramène ainsi ses équations aux formes explicites désirées, et
sans lesquelles le calcul ne serait point achevé, puisqu'il serait
susceptible de nouvelles simplifications.

Aucune quantité ne peut devenir, soit négative, soit imaginaire, sans cesser d'être une véritable quantité, parce qu'il n'y
a évidemment de véritables quantités que les quantités absolues. Mais on dit improprement que telle quantité devient négative ou imaginaire, pour dire qu'il faut en effet, dans le cours
du calcul ou dans son résultat, substituer à cette véritable
quantité une fonction négative ou imaginaire, afin de corriger
par là les formules qu'on avait faussement supposées être immédiatement applicables au nouvel état du système. Ce n'est
point cette quantité elle-même qui est négative ou imaginaire,
c'est la forme purement algébrique qu'on est obligé de lui substituer pour maintenir l'exactitude des formules.

Ainsi en nommant a un angle aigu et π l'angle droit, ce n'est
pas $\cos(2\pi - a)$ qui est négatif, il est tout aussi positif que
$\cos a$; l'un et l'autre sont des quantités absolues parfaitement

égales entre elles ; mais ce qui est négatif, c'est la fonction algébrique — cos $(2\pi - a)$ qu'il faut effectivement substituer
dans le calcul ou dans son résultat pour corriger les formules
qui n'ont été établies que pour les angles aigus, lorsqu'on veut
par une fausse supposition les étendre aux angles obtus.

De même, ce n'est point séc $(2\pi + a)$ qui peut jamais être
négative, puisqu'elle est parfaitement identique avec séc a ;
mais ce qui est négatif, c'est — séc $(2\pi + a)$ qu'il faut absolument substituer à séc $(2\pi + a)$, pour rectifier dans le résultat
du calcul la première fausse supposition que l'on avait faite, en
regardant les formules qui ne sont immédiatement applicables
qu'au premier quadrans, comme indistinctement applicables à
tous les points de la circonférence. Et l'on ne peut pas dire
que la quantité substituée à l'autre lui soit égale, car ce serait
dire que — séc $(2\pi + a)$ est égale à séc $(2\pi + a)$ ou que — 1
est égal à 1, ce qui serait par trop absurde.

De même encore, en nommant y l'ordonnée d'une courbe,
ce n'est point cette quantité y qui devient négative lorsqu'on
passe d'un des côtés de l'axe des abscisses à l'autre : y reste
toujours une quantité absolue ; mais ce qui est négatif, c'est
l'expression algébrique — y qui doit en effet être substituée à
cette quantité absolue y lorsqu'on passe d'un côté à l'autre de
l'axe des abscisses, pour corriger la fausse supposition que l'on
avait faite en regardant mal à propos l'équation de la courbe
comme immédiatement applicable aux quatre régions indistinctement, tandis qu'elle ne l'est réellement qu'à la première.

Il faut donc, lorsqu'on dit que *telles ou telles quantités deviennent négatives ou imaginaires,* considérer cette locution
comme une manière abrégée de dire que ces quantités devront
être remplacées dans le résultat du calcul par des expressions
algébriques en effet négatives ou imaginaires, afin de corriger
la fausse supposition que l'on a faite dans la mise en équation,
en regardant ces équations comme immédiatement applicables
à tous les cas. Ce n'est donc là qu'un langage fictif, mais d'ailleurs très-utile, puisqu'il donne le moyen d'embrasser par une
même formule tous les cas particuliers d'un problème, en se
réservant d'y faire à la fin les modifications qui pourront se
trouver encore nécessaires, à l'effet d'éliminer les contradic-

tions que n'auraient pas entièrement fait disparaître les transformations opérées dans le cours du calcul.

Il semble qu'on pourrait éviter tout à la fois cette expression impropre, imaginée probablement pour abréger, et les
circonlocutions qu'indique le développement d'une théorie
exacte, en appelant *valeur de corrélation* l'expression quelconque qui doit remplacer la valeur absolue d'une quantité,
afin de corriger les formules où elle entre, lorsqu'on veut les
rendre immédiatement applicables à un nouveau cas non compris dans ces formules primitives : ainsi en nommant π l'angle
droit, l'expression $-\cos(2\pi-a)$ serait simplement, non,
comme il est absurde de le dire, la valeur de ce cosinus du
supplément de a, ou la valeur de $\cos a$, lorsque a est un angle
obtus, mais sa *valeur de corrélation*, c'est-à-dire celle qu'il
faut mettre en effet pour $\cos a$, dans les formules relatives au
premier quadrans, lorsqu'on veut les rendre immédiatement
applicables au second, et de même $-y$ ne serait pas la vraie
valeur de y correspondante à la partie gauche de l'axe des abscisses, mais seulement sa *valeur de corrélation*, c'est-à-dire
celle qu'il faut en effet lui substituer, pour que l'équation qui
n'est immédiatement applicable qu'à la première région de la
courbe, le devienne à la seconde et à la troisième. Alors on
pourrait dire sans crainte d'induire en erreur, *la valeur de cor-*
rélation de telle ou telle quantité devient négative, devient
imaginaire.

Les valeurs de corrélation des quantités qui appartiennent à
un état quelconque du système, ne sont donc autre chose que
les fonctions algébriques qui doivent être substituées aux quantités absolues correspondantes du système primitif, dans les
formules qui s'y rapportent, pour que ces formules deviennent
immédiatement applicables à ce nouvel état du même système.

Ces fonctions algébriques peuvent être des expressions positives, négatives ou imaginaires, suivant la manière d'être du
nouvel état du système à l'égard du premier ou système primitif, c'est-à-dire de celui sur lequel les raisonnements ont été
établis : ce sont les valeurs qui satisfont aux équations primitives, lorsqu'on veut les appliquer immédiatement au nouvel
état du système, ou, ce qui revient au même, ce sont les va-

leurs que l'on tire de ces équations primitives lorsqu'on les applique immédiatement à ce nouvel état. Comme ces deux états sont différents, il peut arriver que ces valeurs soient négatives ou même imaginaires, mais ce ne sont point là les vraies valeurs, ce ne sont que les valeurs de corrélation ; les vraies valeurs sont les quantités absolues qu'elles représentent ; et d'après la théorie que nous avons développée, ces véritables valeurs sont inverses à l'égard de celles qui leur correspondent dans le système primitif, lorsque leurs valeurs de corrélation sont des expressions négatives ; c'est ce que nous pouvons exprimer en disant que *quand la valeur de corrélation d'une quantité devient négative, sa valeur absolue devient inverse*, et c'est aussi ce qu'il faut entendre par le principe ordinaire que *les valeurs négatives doivent être prises en sens contraire des valeurs positives*. Ces valeurs négatives ne sont autre chose que des valeurs de corrélation, et les valeurs qu'on doit prendre en sens contraire des valeurs positives, sont les quantités absolues qui répondent à ces valeurs de corrélation, et qui en effet sont alors inverses à l'égard de ce qu'elles étaient dans le système primitif. On peut donc ne rien changer même à l'énoncé de la proposition reçue, et nous n'avons prétendu ici que lui assigner le sens précis qu'elle doit avoir, et en donner la démonstration par les seuls principes mathématiques.

Lors donc qu'on dit, suivant l'usage, que telle ou telle quantité devient négative, cela doit s'entendre de sa valeur de corrélation relativement à tel ou tel autre état du système, et lorsqu'on dit qu'alors il faut prendre cette quantité dans le sens opposé à celui qu'on lui avait attribué dans l'expression des conditions du problème, cela ne doit, au contraire, s'entendre que de la valeur absolue, qui en effet doit être prise sous une autre acception que celle qu'on lui avait donnée, tellement que si dans la mise en équation on lui avait donné l'acception d'une quantité $(m-n)$, dans laquelle on aurait supposé $m>n$, il faudra au résultat du calcul la prendre dans l'acception de la quantité inverse $(n-m)$, dans laquelle on supposera $(n>m)$.

Une valeur de corrélation négative n'est, comme l'on voit, autre chose que la valeur absolue prise collectivement avec le signe *moins*, et par conséquent une forme algébrique complexe, indiquant tout à la fois une quantité et une opération à faire sur cette quantité, opération même qui serait inexécutable si cette expression devait rester isolée. Mais toutes ces formes purement hiéroglyphiques disparaissent par les transformations; et les formules primitives qui n'étaient d'abord immédiatement applicables qu'à l'état du système sur lequel les raisonnements avaient été établis, deviennent par ces mêmes transformations immédiatement applicables à tous les autres états du même système successivement.

19. Il me semble qu'après ces développements, toutes les difficultés doivent être levées. Rien absolument n'est changé dans la marche usitée jusqu'à ce jour; on prouve seulement qu'on a droit de la suivre, et qu'elle est entièrement fondée sur des notions purement mathématiques. On met à l'ordinaire chaque problème en équation, en regardant toutes les quantités sur lesquelles on établit le raisonnement, comme des quantités absolues. Ces équations primitives formées, on les regarde comme immédiatement applicables à tous les états dans lesquels le système peut se trouver successivement, en se réservant de faire dans le résultat même du calcul les modifications nécessaires pour chaque cas particulier. Lorsqu'on est enfin parvenu à ce résultat, et qu'il indique des opérations inexécutables, on en conclut que l'on est sorti de l'état primitif sur lequel les raisonnements ont dû être faits : on s'occupe donc alors de rechercher quel est le nouvel état du système auquel doivent se rapporter les équations trouvées, en faisant aux hypothèses sur lesquelles le calcul a été établi, les modifications qu'exige le passage du premier état du système au second; opération pour laquelle il n'y a que l'habitude du calcul qui puisse servir de guide, et que l'on indique vaguement, en disant que les valeurs négatives doivent être prises en sens contraire des valeurs positives. Telle est la marche qu'on a toujours suivie depuis Descartes, et telle est aussi la conséquence des principes que nous nous sommes efforcés d'établir, en écartant ou rectifiant les fausses notions que semblent indiquer les tournures de phrases employées dans l'usage ordinaire de l'analyse.

20. On peut voir par tout ce qui précède que l'analyse ne diffère point de la synthèse, comme on le suppose ordinairement, en ce que celle-ci n'opère que sur des quantités connues, tandis que l'analyse opérerait sur les quantités inconnues comme si elles étaient connues, mais bien en ce que cette dernière opère réellement sur les quantités négatives comme si elles étaient positives, ce que ne fait jamais la synthèse, quoiqu'elle opère aussi bien que l'autre sur les quantités inconnues. C'est précisément cette différence qui donne à l'analyse un si grand avantage sur la synthèse, parce qu'elle englobe sous une même formule générale tous les cas pour lesquels il faut à l'autre autant d'examens et de formules particulières, celle-ci n'employant jamais que les véritables quantités qu'elle veut comparer, et ne les comparant jamais que directement ou par l'intermédiaire d'autres quantités effectives comme elles. L'analyse, au contraire, prend souvent pour termes de comparaison entre les véritables quantités des êtres imaginaires, de pures formes algébriques; mais ces formes algébriques portent toujours avec elles l'indice qui sert à les éliminer au moyen de diverses transformations qui tendent sans cesse à apurer le calcul, en le ramenant aux formes explicites, sans lesquelles il resterait inutile, comme un calcul non achevé.

On ne peut s'empêcher de reconnaître, comme nous l'avons dit au commencement de cette Note, une grande analogie entre ces procédés et ceux de l'analyse infinitésimale. Celle-ci parvient à son but par des erreurs qui se compensent, l'autre par des hypothèses contradictoires qui se corrigent l'une par l'autre. Dans la première, les quantités infinitésimales ne sont que des quantités auxiliaires qu'il faut nécessairement éliminer pour obtenir les résultats cherchés; dans la seconde, les quantités négatives isolées et les imaginaires ne s'emploient de même qu'auxiliairement et comme des instruments qui deviennent absolument étrangers à l'édifice, une fois qu'il est construit.

FIN.

TABLE DES MATIÈRES.

CHAPITRE III.

FIN DE LA TABLE DES MATIÈRES.

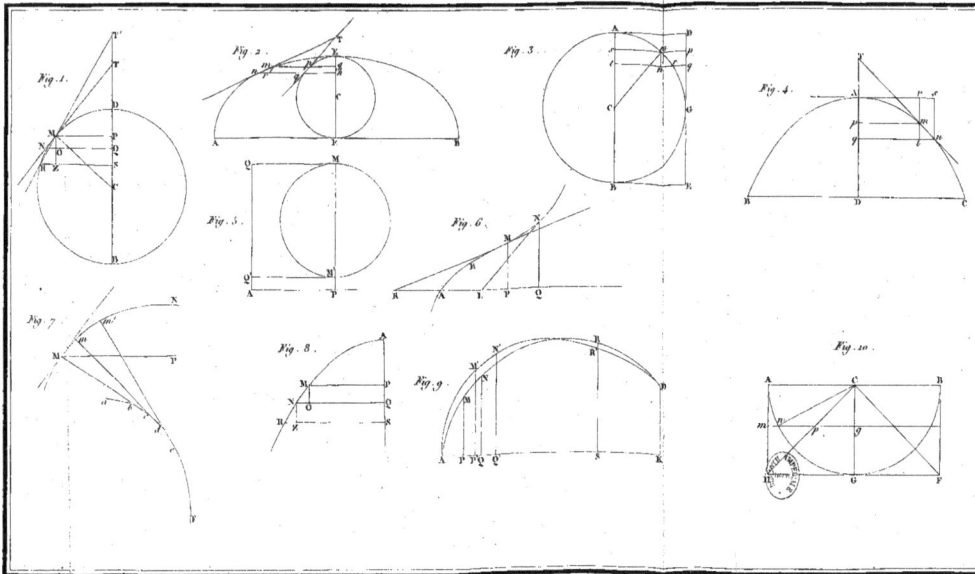

Fig. 1.

Fig. 2.

Fig. 3.

Fig. 4.

Fig. 5.

Fig. 6.

Fig. 7.

Fig. 8.

Fig. 9.

Fig. 10.

www.ingramcontent.com/pod-product-compliance
Lightning Source LLC
Chambersburg PA
CBHW071847200326
41519CB00016B/4273